建筑工程细部节点做法与施工工艺图解丛书

建筑智能化工程细部节点做法与施工工艺图解

（第二版）

丛书主编：毛志兵

本书主编：刘福建

组织编写：中国土木工程学会总工程师工作委员会

U0262715

中国建筑工业出版社

图书在版编目（CIP）数据

建筑智能化工程细部节点做法与施工工艺图解 / 刘
福建主编；中国土木工程学会总工程师工作委员会组织
编写. -- 2 版. -- 北京：中国建筑工业出版社， 2024.
10. -- （建筑工程细部节点做法与施工工艺图解丛书 /
毛志兵主编）. -- ISBN 978-7-112-30321-2

Ⅰ. TU18-64

中国国家版本馆 CIP 数据核字第 2024PB7665 号

本书以通俗、易懂、简单、经济、使用为出发点，从节点图、实体照
片、工艺说明三个方面解读工程节点做法。本书分为信息设施系统、建筑
设备管理系统、公共安防系统、机房工程 4 章，提供了几百个常用细部节
点做法，能够对项目基层管理岗位及操作层的实体操作及质量控制有所启
发和帮助。

本书可作为智能建筑行业监理单位、施工单位、一线管理人员及劳务
操作层的培训教材。

责任编辑：张　磊　曾　威
文字编辑：张建文
责任校对：张惠雯

建筑工程细部节点做法与施工工艺图解丛书
建筑智能化工程细部节点做法与
施工工艺图解
（第二版）
丛书主编：毛志兵
本书主编：刘福建
组织编写：中国土木工程学会总工程师工作委员会

*

中国建筑工业出版社出版、发行（北京海淀三里河路 9 号）
各地新华书店、建筑书店经销
北京鸿文瀚海文化传媒有限公司制版
廊坊市海涛印刷有限公司印刷

*

开本：850 毫米×1168 毫米　1/32　印张：15¼　字数：421 千字
2025 年 2 月第二版　　2025 年 2 月第一次印刷
定价：58.00 元
ISBN 978-7-112-30321-2
（43682）

丛书编委会

主　编：毛志兵

副主编：朱晓伟　刘　杨　刘明生　刘福建　李景芳

　　　　杨健康　吴克辛　张太清　张可文　陈振明

　　　　陈硕晖　欧亚明　金　睿　赵秋萍　赵福明

　　　　黄克起　颜钢文

本书编委会

主编单位：中建安装集团有限公司

中建电子信息技术有限公司

主　　编：刘福建

副 主 编：刘　淼　黄云国　毕　林

编写人员：揭臣兵　康建业　章小燕　张雯静　熊长杰

李　过　张　亮　刘烈志　梁远斌　庄伟林

温　馨　汪远辰　徐文伟　石占凤

丛书前言

"建筑工程细部节点做法与施工工艺图解丛书"自2018年出版发行后，受到了业内工程施工一线技术人员的欢迎，截至2023年底，累计销售已近20万册。本丛书对建筑工程高质量发展起到了重要作用。近年来，随着建筑工程新结构、新材料、新工艺、新技术不断涌现以及工业化建造、智能化建造和绿色化建造等理念的传播，施工技术得到了跨越式的发展，新的节点形式和做法进一步提高了工程施工质量和效率。特别是2021年以来，住房和城乡建设部陆续发布并实施了一批有关工程施工的国家标准和政策法规，显示了对工程质量问题的高度重视。

为了促进全行业施工技术的发展及施工操作水平的整体提升，紧随新的技术潮流，中国土木工程学会总工程师工作委员会组织了第一版丛书的主要编写单位以及业界有代表性的相关专家学者，在第一版丛书的基础上编写了"建筑工程细部节点做法与施工工艺图解丛书（第二版）"（简称新版丛书）。新版丛书沿用了第一版丛书的组织形式，每册独立组成编委会，在丛书编委会的统一指导下，根据不同专业分别编写，共11分册。新版丛书结合国家现行标准的修订情况和施工技术的发展，进一步完善第一版丛书细部节点的相关做法。在形式上，结合第一版丛书通俗易懂、经济实用的特点，从节点构造、实体照片、工艺要点等几个方面，解读工程节点做法与施工工艺；在内容上，随着绿色建筑、智能建筑的发展，新标准的出台和修订，部分节点的做法有一定的精进，新版丛书根据新标准的要求和工艺的进步，进一步完善节点的做法，同时补充新节点的施工工艺；在行文结构中，进一步沿用第一版丛书的编写方式，采用"施工方式＋案例""示意图＋现场图"的形式，使本丛书的编写更加简明扼要、方便查找。

　　新版丛书作为一本实用性的工具书，按不同专业介绍了工程实践中常用的细部节点做法，可以作为设计单位、监理单位、施工企业、一线管理人员及劳务操作层的培训教材，希望对项目各参建方的实际操作和品质控制有所启发和帮助。

　　新版丛书虽经过长时间准备、多次研讨与审查修改，但仍难免存在疏漏与不足之处，恳请广大读者提出宝贵意见，以便进一步修改完善。

丛书主编：毛志兵

本书前言

建筑智能化工程，通常称为弱电工程。现行国家标准《智能建筑设计标准》GB 50314 对智能建筑的定义是"以建筑为平台，兼备建筑设备、办公自动化及通信网络系统，集结构、系统、服务、管理及它们之间的最优化组合，向人们提供一个安全、高效、舒适、便利的建筑环境"。

本书汇集了建筑智能化工程中四大分项工程，包括：信息设施系统、建筑设备管理系统、公共安防系统和机房工程的 300 多个一般常用细部节点做法。通过节点图、实体照片和工艺说明，将各分项节点做法和施工工艺更直观、清晰、方便地介绍给大家。参考本书内容可对施工单位现场检查及监理单位督导等环节进行控制，有效地提高实体操作的质量控制水平。

本书由中建安装集团有限公司、中建电子信息技术有限公司编制，主编刘福建、刘森、黄云国、毕林、揭臣兵、康建业、章小燕、张雯静、熊长杰、李过、张亮、刘烈志、梁远斌、庄伟林、温馨、汪远辰、徐文伟、石占凤参与编制。在本书编写过程中，参考了众多专著书刊，在此一并表示。感谢由于时间仓促，经验不足，书中难免存在缺点和错漏，恳请广大读者指正。

目　录

第一章　信息设施系统

第二章　建筑设备管理系统

第三章　公共安防系统

第四章　机房工程

第一章　信息设施系统

第一节 ● 综合布线系统

1. 信息面板

010101 信息面板安装

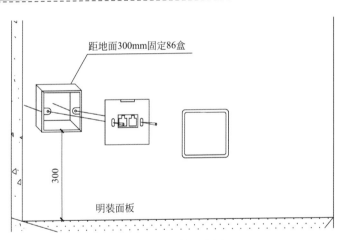

距地面300mm固定86盒

300

明装面板

信息面板安装示意图

信息面板实物图

信息面板接线图

施工工艺说明

（1）安装在墙上的面板，其底边安装位置宜高出地面300mm左右。

（2）底盒放入预留槽内，将 RJ45 模块安装在面板上，其预留线缆放在接线底盒内，底盒是线缆的终点，将面板上的模块与双绞线相连，在墙面上形成 RJ45 接口，盖板与底盒用螺栓固定牢固。

（3）墙面安装盒的底盒安装必须牢固可靠，不应有松动现象。面板安装应位于同一平面，间距均匀、端正大方，底边标高一致，与墙面无缝隙。

010102 光纤面板安装

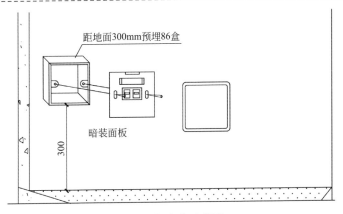

光纤面板安装示意图

光纤面板实物图

光纤面板接线图

施工工艺说明

（1）安装在墙上的面板，其底边安装位置宜高出地面300mm左右。

（2）底盒放入预留槽内，底盒深度不应小于60mm，将光纤适配器安装在面板上，其预留线缆放在接线底盒内，底盒是线缆的终点，将面板上的模块与光纤相连，在墙面上形成光纤接口，盖板与底盒用螺栓固定牢固。

（3）墙面安装盒的底盒安装必须牢固可靠，不应有松动现象。面板安装应位于同一平面，间距均匀、端正大方，底边标高一致，与墙面无缝隙。

2. 地插

010103 地面信息插座安装

地面信息插座实物图

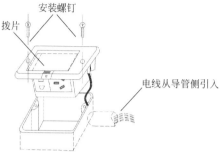

地面信息插座安装示意图

施工工艺说明

（1）将铜面板连同功能件从暗盒上卸下（此项只对于开启式地板信息插座适用）。

（2）将施工盖用备用螺钉固定在暗盒上，并一同放置在预埋孔内；地插的板面厚度大约4mm，安装时要与地板或者瓷砖地面紧密贴合；卸下施工盖，将双绞线从线槽或线管中通过进线孔拉入到地面信息插座底盒中；为便于端接、维修和变更，线缆从底盒拉出来后预留15cm左右后将多余部分剪去；端接信息模块；将冗余线缆盘于底盒中；将信息模块插入面板中。

（3）最后将地面信息插座的面板拉开或拉开弹出钮，用螺钉将面板固定在暗盒上。预装暗盒要注意插座的开口方向。

3. 信息模块

010104 屏蔽模块安装

屏蔽模块实物图

屏蔽模块接线图

施工工艺说明

用剥线刀将电缆护套剥至端接所需的长度，一般最长剥除 50.8mm（2 英寸）便可满足。绞和线剥离距离保持在距离端接头 12.7mm（0.5 英寸）以内。

（1）将导线放置在导线压块之间，导线护套与模块组件的后部对齐。

（2）按照图中所示，依次把各色网线放进适当的颜色代码槽内（保持最小松弛度，同时扭编线与端接头之间的距离保持在 12.7mm 之内）。端接过程中需要使用压线工具。

（3）使用压线工具将线压入到模块卡槽中，用锁带将金属尾盖一并扎好，切除多余的线头。

010105 F/UTP 屏蔽方式的屏蔽模块安装

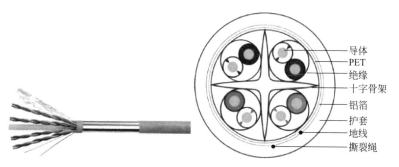

导体
PET
绝缘
十字骨架
铝箔
护套
地线
撕裂绳

F/UTP 屏蔽电缆实物图　　　　　　F/UTP 屏蔽电缆剖面图

施工工艺说明

用剥线刀将电缆护套剥至端接所需的长度，一般最长剥除 50.8mm（2 英寸）便可满足。绞和线剥离距离保持在距离端接头 12.7mm（0.5 英寸）以内。

（1）将导线放置在导线压块之间，避免不正确的线对环绕，同时避免不恰当的线对包裹，把线对朝原方向反转，方可顺利完成。如果存在线对分离，拉出多余导线。

（2）禁止使用边缘切割工具，使用冲压打线刀切割多余线对。

（3）使用工具将金属箔和金属线推入接地接触槽内。

（4）打完线后，修剪金属箔线，嵌入底部金属外壳，然后嵌入顶部外壳，使后端插销锁定，如有需要，修剪多余金属箔。

（5）金属箔要与接地导线一同端接到屏蔽模块的屏蔽层上，金属箔要尽量展开，与模块的屏蔽层之间形成全方位接触。金属箔要覆盖在双绞线的护套外，用屏蔽模块附带的尼龙扎带将双绞线与模块后部的金属托架固定成一体。屏蔽层不要有缺口。

010106 U/FTP 屏蔽方式的屏蔽模块安装

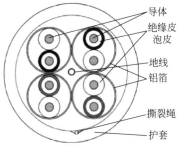

导体
绝缘皮
泡皮
地线
铝箔
撕裂绳
护套

U/FTP 屏蔽电缆实物图 　　　　U/FTP 屏蔽电缆剖面图

施工工艺说明

（1）用剥线刀将电缆护套剥至端接所需的长度，一般最长剥除 50.8mm（2 英寸）便可满足。绞和线剥离距离保持在距离端接头 12.7mm（0.5 英寸）以内。

（2）U/FTP 屏蔽双绞线的接地导线在屏蔽层外侧，说明铝箔屏蔽层外侧为导电面，端接前将双绞线的护套边缘对准模块上盖中后侧的圆弧，贴模块上盖塑料件的边缘分别在四张铝箔上剪一个缺口，然后撕断铝箔。

（3）将双绞线的 4 个线对平放在模块上盖，旋转双绞线的方向排好顺序，将 4 个线对按色标分别压入模块指定的线槽中。

（4）将接地导线穿过上盖尾部的扎线孔，缠在铝箔屏蔽层外。

（5）绑扎完毕后，使用剪刀分别将穿入孔内的 4 芯线和压在槽中的 4 芯线贴各自的塑料件边缘剪断。

（6）用专用的压线工具将模块上盖压入模块，当听到"咔哒"声响时，即表明上盖已压入模块。

（7）在绑扎尼龙扎带前检查接地导线，将它调整好，以便用扎带将接地导线与模块屏蔽层固定在一起。

（8）用尼龙扎带将屏蔽双绞线固定在模块上盖尾部，在收紧尼龙扎带时要适可而止，避免收得过紧造成双绞线变形。

010107 SF/UTP 屏蔽方式的屏蔽模块安装

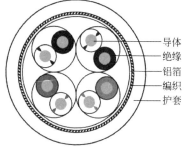

导体
绝缘
铝箔
编织
护套

SF/UTP 屏蔽电缆实物图　　　　　　SF/UTP 屏蔽电缆剖面图

施工工艺说明

（1）用剥线刀将电缆护套剥至端接所需的长度，一般最长剥除 50.8mm（2 英寸）便可满足。绞和线剥离距离保持在距离端接头 12.7mm（0.5 英寸）以内。

（2）SF/UTP 屏蔽双绞线铝箔可以不接地，但是丝网必须接地。在施工时将丝网翻转，均匀地覆盖在护套外。注意需要将所有的丝网铜丝全部翻转后覆盖在护套上，不能有任何一根铜丝留在端接点附近，以免引发信号短路。将丝网内的铝箔绝缘层剪断取下，铝箔和芯线之间的用于保护芯线的透明塑料薄膜一并剪去。

（3）将双绞线的 4 个线对平放在模块上盖，旋转双绞线的方向排好顺序，将 4 个线对按色标分别压入模块指定的线槽中，将多余芯线用剪刀切除。

（4）端接完毕后将屏蔽罩壳向前推，卡入屏蔽模块的凹槽内。

（5）将丝网均匀分布后，用尼龙扎带将屏蔽双绞线与模块尾部的金属片绑扎成一体。

（6）贴近尼龙扎带用剪刀剪去多余的丝网，以免丝网刺入其他模块造成短路。

010108 S/FTP 屏蔽方式的屏蔽模块安装

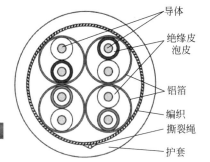

导体
绝缘皮
泡皮
铝箔
编织
撕裂绳
护套

S/FTP 屏蔽电缆实物图　　　　　　　S/FTP 屏蔽电缆剖面图

施工工艺说明

（1）用剥线刀将电缆护套剥至端接所需的长度，一般最长剥除 50.8mm（2 英寸）便可满足。绞和线剥离距离保持在距离端接头 12.7mm（0.5 英寸）以内。

（2）S/FTP 屏蔽双绞线铝箔可以不接地，但是丝网必须接地。在施工时将丝网翻转，均匀地覆盖在护套外。注意需要将所有的丝网铜丝全部翻转后覆盖在护套上，不能有任何一根铜丝留在端接点附近，以免引发信号短路。将丝网内的铝箔绝缘层剪断取下，铝箔和芯线之间用于保护芯线的透明塑料薄膜一并剪去。

（3）将双绞线的 4 个线对平放在模块上盖，旋转双绞线的方向排好顺序，将 4 个线对按色标分别压入模块指定的线槽中，将多余芯线用剪刀切除。

（4）端接完毕后用专用的压线工具将模块上盖压入模块，当听到"咔哒"声响时，即表明上盖已压入模块。

（5）将丝网均匀分布后，用尼龙扎带将屏蔽双绞线与模块尾部的金属片绑扎成一体。

（6）贴近尼龙扎带用剪刀剪去多余的丝网，以免丝网刺入其他模块造成短路。

4. 配线架

010109 屏蔽配线架安装

屏蔽配线架实物图

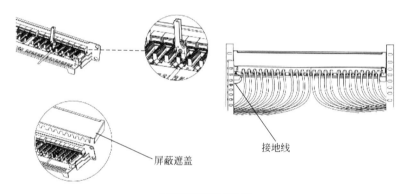

接地线

屏蔽遮盖

屏蔽配线架示意图

施工工艺说明

（1）将配线架用螺钉固定到机柜上。

（2）后面端接接线模块插入，旋转并锁定；前面端接接线模块插入。

（3）接线之前，抓住电缆末端把电缆穿过接线块并向后推，确认电缆没有被紧紧夹住。

（4）每根线缆到配线架安装位置的距离要合适，预留50mm左右的余量；接线时避免过分松散，应沿一个方向穿过面板并接线。

（5）将模块从固定器中脱离，将电缆和模块推入插口（避免已接好的线对拉伤）。

（6）线对端接完成后要注意把线缆理顺，整齐一致地使用尼龙扎带捆绑在线缆固定器上，避免线缆下坠松弛。

（7）屏蔽配线架的接地配件主要有两类：一种是安装在配线架内的接地配件，它具有弹性，当屏蔽模块插入配线架后，其金属壳体自动与接地配件形成良好的连接；另一种是独立的接地配件，当屏蔽模块插入配线架后，将接地配件中的搭接线插在屏蔽模块的接地接口上，形成接地连接。

（8）每个屏蔽配线架通过各自的接地导线连接到机柜的接地铜排上，形成机柜内的星形接地；机柜的接地铜排用独立的接地导线（截面积大于$6mm^2$，两端使用冷轧焊片防止线头散开造成短路）连接到机柜间的接地铜排上，并确保配线架对地的接地电阻小于1Ω。

010110 非屏蔽配线架安装

非屏蔽配线架实物图

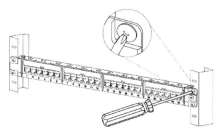

非屏蔽配线架安装示意图

施工工艺说明

（1）将配线架用螺钉固定到机柜上。

（2）后面端接接线模块插入，旋转并锁定；前面端接接线模块插入。

（3）接线之前，抓住电缆末端把电缆穿过接线块并向后推，确认电缆没有被紧紧夹住。

（4）每根线缆到配线架安装位置的距离要合适，预留50mm左右的余量；接线时避免过分松散，应沿一个方向穿过面板并接线。

（5）将模块从固定器中脱离，将电缆和模块推入插口（避免已接好的线对拉伤）。

（6）线对端接完成后要注意把线缆理顺，整齐一致地使用尼龙扎带捆绑在线缆固定器上，避免线缆下坠松弛。

010111 支架式110配线架安装

支架式110配线架实物图

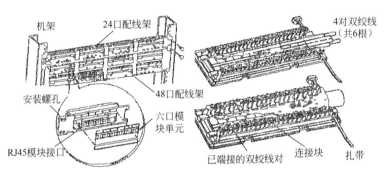

支架式110配线架安装示意图

施工工艺说明

(1) 将配线架固定到机柜。

(2) 从机柜进线处开始整理电缆,将大对数电缆穿过110配线架一侧的进线孔,摆放至配线架打线处;

(3) 用剥线器将电缆的外护套剥去,再剪掉线缆上缠绕的塑料皮。

(4) 将线缆从110配线架后面顺出来,开始整理主线序,再整理次线序。

(5) 根据电缆色谱排列顺序,将对应颜色的线对依次压入槽内,然后使用110打线工具固定线对连接,同时将伸出槽位外多余的导线截断。注意:刀要与配线架垂直,刀口向外。

010112 抽屉式光纤配线架安装

抽屉式光纤配线架实物图

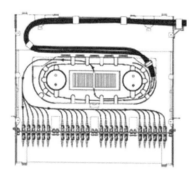

抽屉式光纤配线架内部示意图

施工工艺说明

（1）用螺母组件将光纤盒安装于机柜的底或顶端。

（2）光纤盒机架安装好后，把光纤穿入固定器固定。固定光缆时应注意：当拧紧固定器时，要考虑光纤后端的预留，使机柜内及光纤可以合理地布放及固定。

（3）光缆从右边沿机柜布线槽向上从左边的光纤盒进线孔进线。

（4）进行光纤盒内的光纤熔接工作。

（5）把光纤盒管理线架安装于光纤盒正前方。

（6）每芯光纤做好熔接标识记录。

010113 单元式光纤配线架安装

单元式光纤配线架实物图

施工工艺说明

(1) 安装挂耳到交换机,交换机设备两侧各提供1处挂耳安装位置。

(2) 将挂耳的长边贴近交换机,挂耳的安装孔与交换机侧面的挂耳安装孔对齐。

(3) 使用螺钉将挂耳安装到交换机的两边,顺时针拧紧。

010114 模块式光纤配线架安装

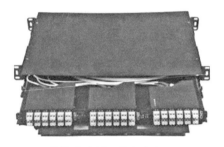

模块式光纤配线架实物图

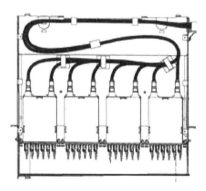

模块式光纤配线架示意图

施工工艺说明

　　（1）安装挂耳到交换机，交换机设备两侧各提供 1 处挂耳安装位置。

　　（2）将挂耳的长边贴近交换机，挂耳的安装孔与交换机侧面的挂耳安装孔对齐。

　　（3）使用螺钉将挂耳安装到交换机的两边，顺时针拧紧。

010115 电子配线架安装

电子配线架实物图

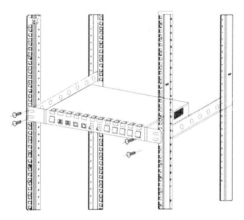

电子配线架安装示意图

施工工艺说明

　　(1) 安装挂耳到交换机,交换机设备两侧各提供1处挂耳安装位置。

　　(2) 将挂耳的长边贴近交换机,挂耳的安装孔与交换机侧面的挂耳安装孔对齐。

　　(3) 使用螺钉将挂耳安装到交换机的两边,顺时针拧紧。

5. 光纤通信线

010116 光纤进户管线安装

光纤进户箱实物图

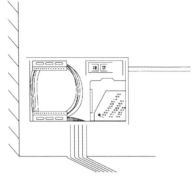

光纤进户管线示意图

施工工艺说明

（1）光缆配盘时光缆的单盘长度按设计配盘，按到货单盘光缆长度合理安排使用光缆，使光缆接头数量最少，余出光缆最短。

（2）光缆布放的过程中及安装后，其所受张力、侧压力、曲率半径等不得超过单盘光缆主要技术性能的要求。

（3）为便于安装维护，室内布线穿入入户箱的箱体内预留300mm的冗余。

（4）每一根线缆建议在光纤入户箱一端标识所对应位置的标识牌，便于今后的安装和维护。

（5）所有线缆在两端的接口必须按照T568B标准卡接成端。

010117 光交接箱、光分纤箱与光分路箱的安装

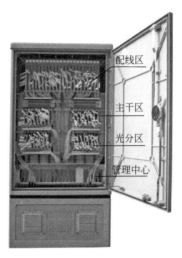

配线区

主干区

光分区

管理中心

光交接箱示意图

主干区

配线区

存储区

光分纤箱示意图

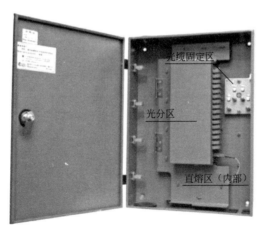

光缆固定区

光分区

直熔区（内部）

光分路箱示意图

施工工艺说明

（1）光交接箱安装在水泥底座上，箱体与底座应用地脚螺栓连接牢固，安装时严格防潮，穿放光缆的管孔缝隙和空管孔的上、下管口封堵严密，箱的底板进出光缆口缝隙也需封堵。箱体安装牢固、安全、可靠，箱体的垂直允许偏差为±3mm。

（2）光交接箱单独设置接地装置，接地电阻不能大于10Ω。

（3）户内安装光缆分纤箱、光分路箱时箱底部距地面高度宜为1.2～2.5m，具体结合现场情况。

（4）户外安装光缆分纤箱、光分路箱时箱底部距地面高度宜为2.8～3.2m，具体结合现场情况。

（5）竖井中安装光缆分纤箱、光分路箱时箱底部距地面高度宜为1.0～1.5m，具体结合现场情况。

（6）光分路箱内的上联光缆熔接尾纤和分路端口尾纤尽可能分开绑扎布放，以避免误操作中断通信。箱门的打开和关闭不能对尾纤产生挤压，最大限度地减少对光纤的损害。

（7）皮线光缆连接可采用冷接接续方式：将冷接子尾管旋下，再将光纤穿入尾管；用开剥器将PVC层剥下，同时切断加强筋；再使用光纤剥线钳最小的孔径清除涂覆层；用蘸无水酒精的无纺布清洁裸纤；将光纤夹具连同光纤，在光纤切割刀的夹具座上进行切割；将光纤穿入冷接子本体；用光纤测试笔来测试导通状态。

010118 壁龛的安装

外部安装

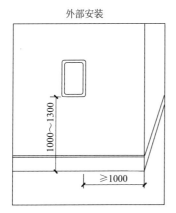

内部安装

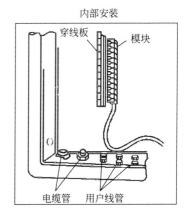

壁龛安装示意图

施工工艺说明

(1) 箱体下沿离地坪 1000～1300mm，箱边距墙角应不小于 1000mm，与电力、照明线路以及设施最小距离应为 30mm；与燃气、热力管道等最小净距应为 300mm。

(2) 进入箱内的电缆管，管口光滑，在壁龛内露出长度应为 10～15mm。管口倒钝并绞牙，再用锁紧螺母将线管与箱体连接。

(3) 箱内接续部件安装包括穿线板、模板安装，模块宜安装在箱内居中位置。

(4) 通常壁龛主进线管和出线管应缴设在箱内的两对角线的位置上，各分支回路的出线管应布置在壁龛底部和顶部的中间位置上。

6. 配件

010119 单工耦合器安装

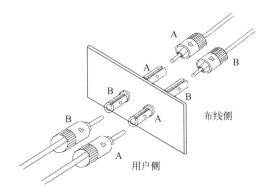

单工耦合器安装示意图

单工耦合器实物图

施工工艺说明

与面板卡槽对准，水平推入卡紧即可。

010120 双工耦合器安装

双工耦合器实物图

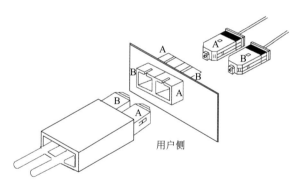

用户侧

双工耦合器安装示意图

施工工艺说明

　　与面板卡槽对准，水平推入卡紧即可。

010121 光纤尾纤熔接与安装

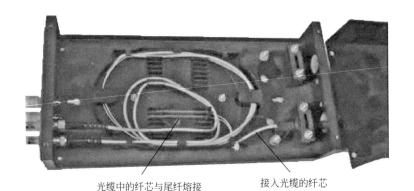

光缆中的纤芯与尾纤熔接　　　　接入光缆的纤芯

光纤尾纤熔接实物图

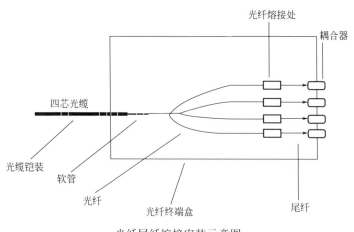

光纤熔接处

耦合器

四芯光缆

光缆铠装

软管

光纤

光纤终端盒

尾纤

光纤尾纤熔接安装示意图

施工工艺说明

（1）首先剥去光纤的黑色外皮，大约 1m 长，用纸将油脂擦拭干净。

（2）先轻拆光纤让金属保护层断裂（弯曲角度不能大于45°）、塑胶保护管断裂（弯曲角度不能大于45°），剥好光纤后，用脱脂棉花蘸酒精清洁每一小根光纤，熔接盒固定光纤，将光纤从收容箱的后方接口放入光纤收容盒中。

（3）在剥去光纤最里面保护套前先装入固定胶管。

（4）切光纤头（斩切长度要适中）。

（5）光纤跳线的加工，居中剪开做成尾纤。剥好的尾纤内绝缘层与外保护层之间长度至少 20cm。用蘸酒精纸巾将光纤擦拭干净后，用光纤切割器斩切尾纤。

（6）将切好的两个要熔接的光纤接头放在机器里面，开始熔接。

（7）熔接好的光纤经过加热使热缩管缩紧好（使之可以保护熔接点），冷却后成组将热缩管整齐装入光纤配线架上的盘线板内。

010122 数据跳线安装

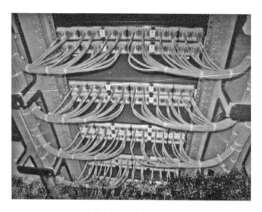

数据跳线实物图

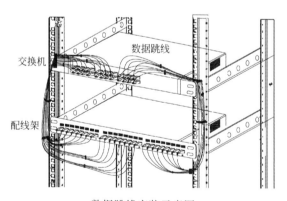

数据跳线安装示意图

◆ 施工工艺说明

　　弹片对准配线架或者交换机竖直房间的凹（凸）口平行
插入，当听见"咔嗒"声即完成安装。

010123 光纤跳线安装

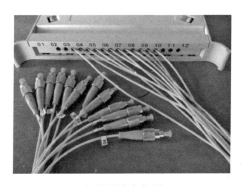

光纤跳线实物图

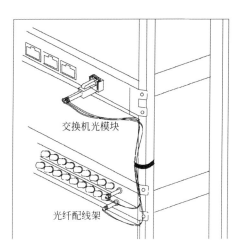

交换机光模块

光纤配线架

光纤跳线安装示意图

施工工艺说明

　　跳线头外侧突出部分，对准耦合器缺口处插入（SC、ST 接口插入后拧紧螺母）即完成安装。

第二节 ● 信息网络系统

1. 交换机、模块及跳线

010201 接入交换机安装

 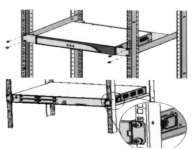

接入交换机实物图　　　　　接入交换机安装示意图

施工工艺说明

（1）机柜/机架已被固定好，安装交换机的左右挂耳，每侧只需要固定2个螺钉，安装时保证交换机的挂耳在机柜/机架左右两端水平对齐。

（2）根据规划好的安装位置，确定浮动螺母在方孔条上的安装位置。用一字螺丝刀在机柜前方孔条上安装4个浮动螺母，左右各2个，挂耳上的固定孔对应着方孔条上间隔1个孔位的2个安装孔。保证左右对应的浮动螺母在一个水平面上。

（3）搬运交换机进机柜，双手托住交换机使两侧的挂耳安装孔与机柜方孔条上的浮动螺母对齐。单手托住交换机，另一只手使用十字螺丝刀将挂耳通过螺钉固定到机柜方孔条上。

（4）安装交换机到工作台时无需挂耳，水平放置在工作台即可。

（5）为交换机连接接地线缆。

汇聚交换机安装

汇聚交换机实物图

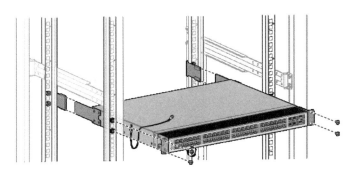

汇聚交换机安装示意图

施工工艺说明

（1）使用螺钉将挂耳安装到交换机的两边，顺时针拧紧。

（2）在机柜前方孔条上安装浮动螺母。

（3）搬运交换机进机柜，双手托住设备使交换机两边的挂耳安装孔与机柜方孔条上的浮动螺母对齐。

（4）连接交换机接地线缆。

010203 核心交换机安装

核心交换机实物图

核心交换机安装示意图

施工工艺说明

（1）使用螺钉将挂耳安装到交换机的两边，顺时针拧紧。

（2）搬运交换机进机柜，双手托住设备使交换机两边的挂耳安装孔与机柜方孔条上的浮动螺母对齐。

（3）安装单板：横插型 PCB 板的一面方向朝上；竖插型 PCB 板的一面方向朝左；沿着导轨平稳插入。

（4）将电源模块安装到机箱中。

（5）将防尘网的导向销插入机箱对应的定位孔，并用螺丝刀拧紧防尘网的松不脱螺钉。

（6）安装风扇框，将风扇框沿插槽导轨推入机箱中，直至风扇框完全插入插槽。使用螺丝刀拧紧风扇框的松不脱螺钉。

（7）用螺丝刀将机箱接地点上的两个接地螺钉分别取下，用接地螺钉将接地线的双孔端子紧固到机箱接地点上。将接地线的另一端（OT 端子）套在接地排的接地柱上，用六角螺母将接地线紧固在接地排上。

010204　数字程控交换机安装

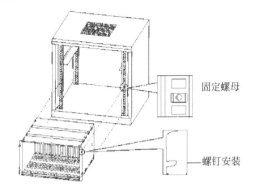

固定螺母

螺钉安装

数字程控交换机实物图　　　　数字程控交换机安装示意图

施工工艺说明

（1）确定机柜位置后安装机柜，确保机柜安放平稳牢固，接地良好。机柜与其他设备之间的工作距离不得小于1m，以便于后期维护。

（2）机箱安装到机柜前需在机柜上安装滑道。确定滑道在方孔条上的安装位置，并用记号笔标记。在每根方孔条标记的空间内，安装浮动螺母。将滑道前端的安装孔位与机柜前端方孔条的浮动螺母孔位一一对准，安装固定螺钉。将滑道保持水平，调节滑道长度，固定滑道后端。确保滑道安装位置在四根方孔条上的高度一致，以保证导轨上的设备能水平放置。

（3）根据标记位置安装浮动螺母到机柜前方两侧的机柜方孔条上。

（4）调整机箱方位，直至机箱底部略高于机柜上的承重滑道。将机箱放置在滑道上，并平稳滑入机柜，直到交换机挂耳紧贴机柜前方机柜方孔条。用螺钉将机箱通过挂耳固定到机柜上。

（5）将机箱接地点上的接地螺钉取下，将接地线的双孔端子紧固到机箱接地点上，将接地线的另一端接在接地排上。

010205 OLT 光线路终端安装

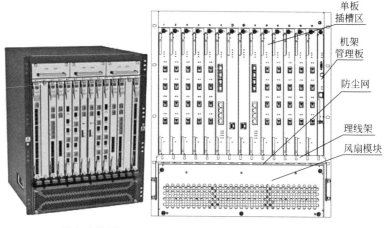

OLT 设备实物图　　　　　　　OLT 设备示意图

单板插槽区
机架管理板
防尘网
理线架
风扇模块

施工工艺说明

（1）OLT 机架采用膨胀螺栓对地加固，机架底部要有防雷垫片，用"L"字铁做好固定，与走线梯结合处需使用防雷垫片。

（2）OLT 设备电源线在设备端使用热缩管保护，尾纤在机架内必须用缠绕管缠绕，盘留曲率半径应大于 30mm。

（3）子架安装前确定托梁位置，用螺母卡组件将托梁固定。将子架沿托梁位置推入机柜。

（4）沿顺时针方向拧入组合装饰螺钉将子架固定。

（5）将机盘上下边沿对准插槽位内导轨，顺着内导轨将机盘慢慢推入。机盘推到位后将机盘固定，锁定机盘。

（6）将子架的保护地线一端的圆形裸端子贴在子架的接线柱上，另一端对准装有螺母卡组件的立柱安装孔，将其固定。

010206 ODN 无源分光器安装

ODN无源分光器实物图

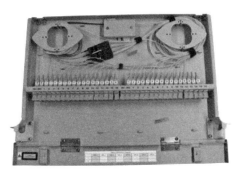

ODN无源分光器内部示意图

施工工艺说明

（1）挂耳长边贴近分光器盒，挂耳的安装孔与分光器盒侧面的挂耳安装孔对齐。

（2）用螺钉将挂耳安装在分光器盒的两边，顺时针拧紧。

（3）安装浮动螺母到机柜的方孔条，确保左右对应的浮动螺母在一条水平线上。

（4）将分光器两边的挂耳安装孔与机柜方孔条上的浮动螺母对齐，使用十字螺丝刀将挂耳通过螺钉固定到机柜方孔条上。

010207 ONU 设备安装

ONU 设备实物图

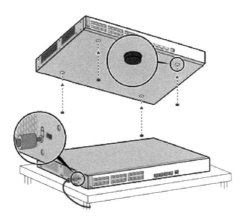

ONU 设备安装示意图

施工工艺说明

（1）小心将设备倒置，在设备的底部圆形压印区域安装4个胶贴垫。

（2）将设备正置并平稳放置在指定位置上。

010208 光纤模块安装

光纤模块实物图

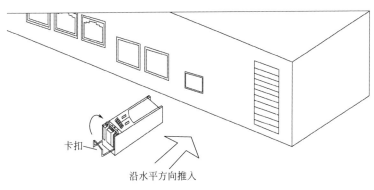

卡扣

沿水平方向推入

光纤模块安装示意图

施工工艺说明

　　将金属卡扣向上垂直翻起，将光纤模块沿水平方向轻推入插槽，完成安装。

010209 堆叠模块安装

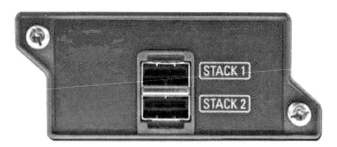

堆叠模块实物图

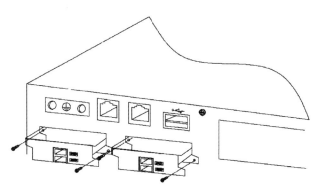

堆叠模块安装示意图

施工工艺说明

　　将堆叠模块，水平推入插槽，用螺钉旋紧即可。

010210 电源模块安装

电源模块实物图

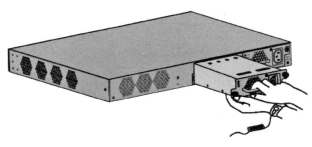

电源模块安装示意图

施工工艺说明

（1）保证电源模块上下方向正确，用一只手握住电源模块上的把手，另一只手托住电源模块底部，将电源模块沿着插槽的导轨水平插入，直到电源模块完全进入插槽，与交换机齐平。

（2）将电源模块沿着电源插槽导轨水平插入插槽，再将电源模块上的拉手合拢到电源模块的凹槽中，最后用十字螺丝刀将电源模块固定到机箱中。

010211 POE 供电模块安装

POE 供电模块实物图

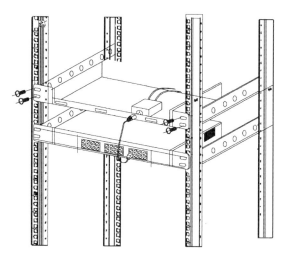

POE 供电模块安装示意图

> **施工工艺说明**
>
> （1）将 POE 供电模块按相应的接口接入外线和被保护设备之间。
>
> （2）防雷地线的连接。

010212 堆叠线安装

堆叠线实物图

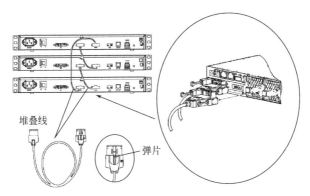

堆叠线 弹片

堆叠线安装示意图

施工工艺说明

（1）线缆两端粘贴临时标签。

（2）弯曲堆叠线时请注意弯曲半径需大于50.8mm。

（3）堆叠线缆长度为10m连接堆叠线缆时，两个接头中间多余的线缆需置于盘线盒中。

2. 无线设备

室内无线 AP 实物图

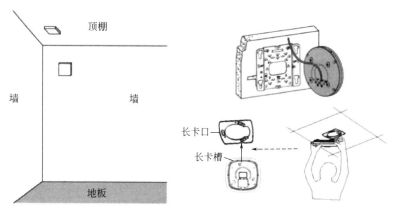

室内无线 AP 安装示意图

施工工艺说明

（1）吸顶安装

1）首先，拆下选定的顶棚，将定位标贴贴在顶棚中央。

2）按照定位标贴上标记的位置，用电钻钻三个螺钉孔，然后按照定位标贴上的指示网线开孔位置，钻一个网线孔。

3）将安装架用螺母、垫圈、盘头螺钉固定到顶棚上。

4）对齐安装架和AP，注意长卡口对准长卡槽，将AP嵌入到安装架上，再顺时针方向旋转固定AP。

5）如在石膏顶棚上安装AP，请在螺母下增加一层强度较好的板材，以确保设备安装牢固。

（2）壁挂安装

1）首先，将安装件紧贴墙面，调整好安装位置后用记号笔标出定位点。

2）用电钻头在定位点开孔，钻孔深度宜为40～45mm，然后安装膨胀螺管，膨胀螺管要与墙面齐平。

3）将安装件紧贴墙面，用螺丝刀依次将膨胀螺钉分别拧进膨胀螺管中，使安装件与墙面贴紧固定。

4）确保挂钉均落入到安装件上的四个安装孔中，当听到"咔哒"声后，说明AP已固定在墙面。

010214 面板式 AP 安装

面板式 AP 实物图

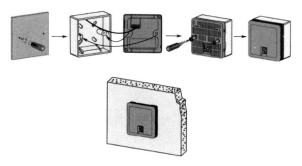

面板式 AP 安装示意图

施工工艺说明

（1）取下墙上的 86 型网络接线面板（若无盒盖，可忽略），将墙壁中的网线接上水晶头，并将其插入背面板相应接口。

（2）将设备左右两边的螺栓孔对准墙壁上的螺栓孔，装入螺钉以固定，螺栓勿拧过紧。

（3）将盒盖合上，完成安装。

010215 室外无线 AP 安装

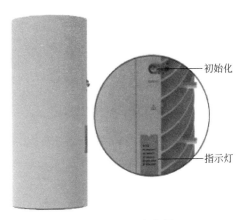

初始化

指示灯

室外无线 AP 实物图

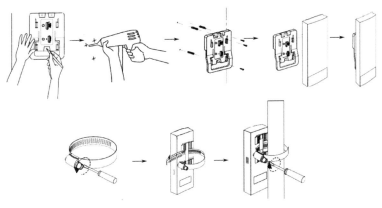

室外无线 AP 安装示意图

施工工艺说明

　　室外无线 AP 安装方式主要有挂墙和抱杆两种方式。安装时必须接地，接地点接触良好，不得有松动现象，并做防氧化处理。当 AP 所处环境有接地排时，使用黄绿双色接地线将 AP 的接地端子连接到接地排上，接地线截面积不小于

$4mm^2$。当 AP 所处环境没有接地排时，将长度不小于 0.5m 的角钢或钢管，直接打入地下。角钢不小于 50mm×50mm ×5mm，钢管壁厚应不小于 3.5mm，材料采用镀锌钢材。接地体打入地下不小于 0.7m，接地线与接地体焊接连接，焊接处做防腐处理。室外 AP 的馈线接头连接处及网线和光纤可采用 PG 头防水，不需要使用胶带。

（1）挂墙安装

1）首先，将安装架置于选定的墙面处，确保安装架水平放置。用记号笔在墙面上标记安装架上的三个开孔位置，开孔位置水平避免 AP 安装歪斜。

2）按照墙面上标记的位置，用冲击钻在墙面上钻出三个钻孔。

3）将安装架用塑胶胀管和自攻螺钉固定到墙面上，螺钉的紧固力矩要合适，避免螺钉出现打转失效，或墙面出现裂纹或损坏。

4）将无线 AP 背面的 4 个安装卡扣分别与安装支架上的 4 个卡槽对齐，往里推的同时向下滑动无线 AP，直至 AP 被卡住，固定于墙面上，AP 安装水平美观不得歪斜。

5）墙体需能承受设备和钣金安装件总重量的 4 倍而不被破坏。未走线的接口安装防水帽，并紧固防水帽。

（2）抱杆安装

1）首先，使用一字螺丝刀沿着逆时针方向旋转不锈钢扎带上的螺钉，直至不锈钢扎带完全松开。

2）将不锈钢扎带的末端穿过无线 AP 背面的小孔。

3）确定无线 AP 在抱杆上的安装位置后，用不锈钢扎带将 AP 牢牢地固定在抱杆上，不得有松动现象。

4）当室外有抗风等级要求时，选择抗风安装支架安装 AP，支架距离地面高度宜大于等于 1200mm，建议按照现场覆盖情况调节安装高度。

010216　轨交 AP 安装

轨交 AP 实物图

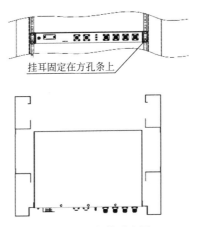

挂耳固定在方孔条上

轨交 AP 安装示意图

施工工艺说明

（1）首先，将滑道安装到机柜的两侧立柱上。

（2）左右手分别抓住设备的两侧，根据实际情况，将设备沿机柜滑道轻轻推入至合适位置，注意设备推入后，保证固定在机柜上的滑道的下折边与设备的底部紧密接触。

（3）使用螺钉将前挂耳固定在机柜的前方孔条上，保证前挂耳和滑道将设备稳定地固定到机柜上。

010217 本安 AP 安装

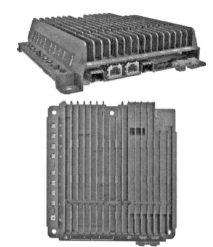

本安 AP 实物图

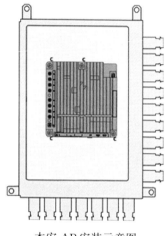

本安 AP 安装示意图

施工工艺说明

（1）本安 AP 无法单独使用，需要配套定制本安型防爆接线箱使用，定制防爆接线箱需满足本安要求。使用 4 颗螺钉将设备通过绝缘材质的隔板固定在定制防爆箱内。

（2）射频电缆连接 AP 与天线，线缆符合阻燃防爆要求，限制 AP 的工作电流在一定的程度之下，避免引起电火花导致爆炸。AP 和天线之间要严格按照逻辑关系进行线缆连接，否则严重影响空口性能。

（3）本安防爆箱配有防爆接头，AP 以及接线端子要通过绝缘材料与本安防爆箱进行隔离，严禁与本安防爆箱的金属外壳直接接触。

010218 无线控制器安装

无线控制器实物图

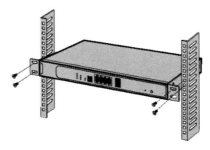

无线控制器安装示意图

施工工艺说明

（1）用螺钉将挂耳分别安装在无线控制器面板的两侧。

（2）用托架将无线控制器安放在机架的适当位置。

（3）用螺钉将支架固定在机架两端固定的卡槽上，确保无线控制器稳定、水平地安装在机架上。

（4）交流电源线连接：将无线控制器随机附带的机壳接地线一端接到无线控制器后面板的接地柱上，另一端就近良好接地。将无线控制器的电源线一端插到无线控制器机箱后面板的电源插座上，另一端插到外部的供电交流电源插座上。安装交流电源线的线扣。将线扣的两头分别插入交流电源接口两侧的插槽中，并将交流电源线置入线扣尾部的凹槽中。

（5）当无线控制器所处安装环境中没有接地排时，可采用长度不小于0.5m的角钢或钢管，直接打入地下。

3. 其他设备

010219 路由器安装

路由器实物图

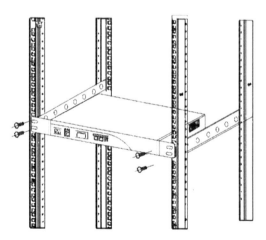

路由器安装示意图

施工工艺说明

（1）将挂耳安装到路由器的两边。

（2）将挂耳固定到机柜方孔条上。

010220 防火墙安装

防火墙实物图

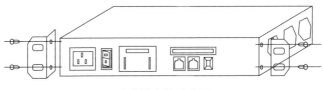

防火墙安装示意图

施工工艺说明

（1）安装挂耳。

（2）将设备左、右挂耳固定在机柜的前立柱上。

（3）安装CF卡：将模块推入插槽，听到清脆响声后即安装到位。

（4）连接以太网光接口：将光模块插入光接口；将光纤一端的两个光纤连接器分别插入光模块的Rx口和Tx口，再将光纤另一端的两个光纤连接器分别插入对端设备的Tx口和Rx口。

010221 互联网控制网关安装

互联网控制网关实物图

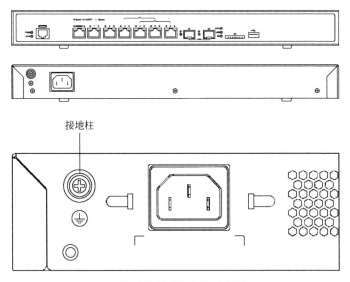

接地柱

互联网控制网关安装示意图

施工工艺说明

　　（1）将出口网关的电源线一端插到出口网关机箱后面板上的电源插座上，另一端插到交流电源插座上。

　　（2）最后需满足接地要求，接地电阻要求小于 1Ω。

第三节 ● 背景音乐及紧急广播系统

1. 后端设备

010301 音源一体机安装

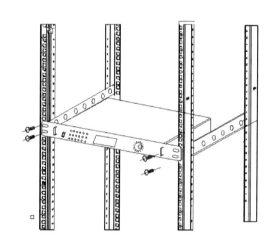

音源一体机安装示意图

施工工艺说明

(1) 安装一体机到机柜/机架。

(2) 安装浮动螺母到机柜的方孔条。

(3) 为音源一体机连接接地线缆。

(4) 机架式安装的设备参照此安装即可。

2. 扬声器

010302 顶棚吸顶扬声器安装

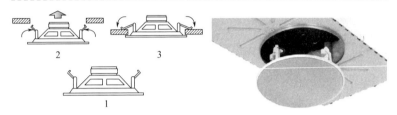

顶棚吸顶扬声器安装示意图

施工工艺说明

（1）吊顶开孔

1）在装修单位施工吊顶时配合开好吊顶嵌入孔。

2）吊顶开孔尺寸比扬声器内圈宽度大 5mm，另需确保装饰罩能盖住开孔。

（2）设备安装

1）先进行设备接线，拧紧接线端子。

2）将扬声器两侧弹簧扣垂直，把扬声器的内径装入开孔后的顶棚中。

3）放下扬声器两侧的弹簧扣，之后确认扬声器安装稳定，嵌入式扬声器的装饰罩紧贴吊顶装饰面。

4）同一室内的吸顶扬声器应排列均匀，装饰罩不应有损伤，如果扬声器较重时，还需要安装防掉安全链。

（3）要点

1）扬声器系统吸顶安装时，扬声器布置应满足声场均匀度和布局美观要求。

2）扬声器系统应远离传声器，轴指向不应对准传声器，并应避免引起自激啸叫。

3）扬声器系统应采取可靠的安全保障措施，工作时不应产生机械噪声。

010303 立柱扬声器安装

立柱扬声器安装示意图

施工工艺说明

　　确定好安装位置，先根据立柱音箱底座的固定圆孔，在地面上对应位置固定地脚螺栓，将底座固定圆孔与地面用膨胀螺栓对齐紧固，然后用螺栓将底座和音箱固定紧密。安装时需确保底座牢固稳定，以避免音箱倾斜或摇晃，调整好角度，保持设备垂直。

010304 壁挂扬声器安装

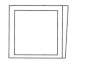

壁挂扬声器安装示意图

施工工艺说明

　　确定好安装高度和位置，将壁挂扬声器的底座用膨胀螺栓固定在墙面上，根据要求接线，然后将扬声器与底座用专用螺栓连接固定，扬声器顶边保持水平。

010305 落地式草地扬声器安装

落地式草地扬声器安装示意图

施工工艺说明

　　（1）根据音箱底座固定孔尺寸和底座面积尺寸，制作配套的水泥底座，在水泥底座上打好固定孔，并在草地上埋设水泥底座，恢复水泥底座周边的回填。

　　（2）进行设备接线，并用地脚螺栓把音箱固定在水泥底座上并固定牢固，设备周围密封严实。

3. 其他设备

010306 音量开关安装

音量开关安装示意图

施工工艺说明

　　音量开关的安装高度为底边距离完成地面1400mm，拆开音量开关面板，按要求进行接线并拧紧接线端子，用螺钉将音量开关固定在底盒上，固定牢固，盖上音量开关面板。音量控制器的安装方式同此。

第四节 ● 有线电视及卫星电视接收系统

1. 卫星天线安装

010401 卫星天线安装

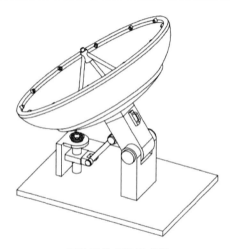

卫星天线安装示意图

施工工艺说明

　　(1) 卫星天线基座的安装应根据设计图纸的位置、尺寸，在土建浇筑混凝土层面的同时进行基座制作，基座中的地脚螺栓应与楼房顶面钢筋焊接连接，并与地网连接，天线底座接地电阻应小于1Ω。

　　(2) 天线收视的前方应无遮挡。

　　(3) 所需收视频率应无微波干扰。

　　(4) 接收天线确定好最优方位后，应安装牢固。

　　(5) 天线调节机构应灵活、连续，锁定装置应方便牢固，并应有防锈蚀措施和防灰沙的护套。

2. 避雷设备

卫星避雷器安装

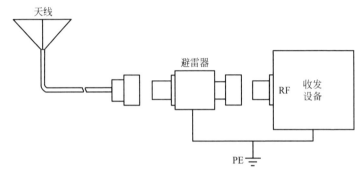

卫星避雷器安装示意图

施工工艺说明

（1）避雷器应安装在被保护设备的前端，越靠近被保护设备保护效果越好。电源、信号线路进出设备的端口都应设电源防雷器（SPD）。

（2）卫星接收天线应在避雷针保护范围内，避雷装置应有良好接地系统，接地电阻应小于1Ω；避雷装置的接地应独立走线，不得将防雷接地与接收设备的室内接地线共用。

010403 避雷针安装

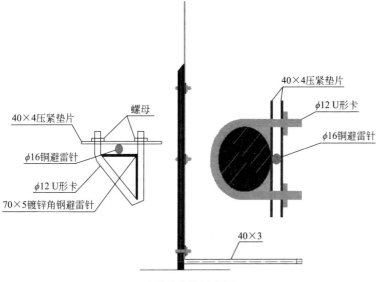

避雷针安装示意图

施工工艺说明

（1）原塔的避雷针为2m角钢时：采用长为2.5m的ϕ16铜避雷针，铜避雷针站在横材肢上，铜避雷针上中下各部分每处至少用一个ϕ12U形夹固定，压紧垫片用40mm×4mm镀锌扁钢（对应一个垫片）。

（2）原塔的避雷针为3m圆钢时：采用长为3.5m的ϕ16铜避雷针，铜避雷针底部靠紧圆钢避雷针连接端面上，铜避雷针上中下各部分每处至少用一个U形螺栓固定。U形螺栓建议为M12型，管内径24mm。垫片选用40mm×4mm镀锌扁钢（对应两个垫片）。

010404 铜带安装

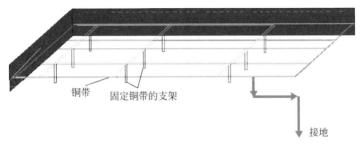

铜带　　固定铜带的支架

接地

铜带安装示意图

施工工艺说明

（1）用 3mm×30mm 的铜带在机房活动地板下制成一个 M 形或 S 形的地网，并在铜带下用垫绝缘子固定，由网格地引线至大楼外机房，专用接地体接地电阻不大于 1Ω。

（2）把每一机柜通过 16mm² 地线连接至机房活动地板下 3mm×30mm 的铜排上。

（3）机柜接地与新建的独立地网接地干线相连接。

010405 塔杆安装

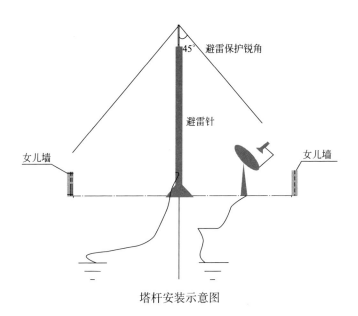

45° 避雷保护锐角

避雷针

女儿墙

女儿墙

塔杆安装示意图

施工工艺说明

（1）抱杆的固定：由架子工将抱杆垂直固定在塔基础处用于人工吊装第一节避雷塔。

（2）吊装施工：依次完成第一、二、三、四、五节避雷塔安装。

010406 塔杆基础安装

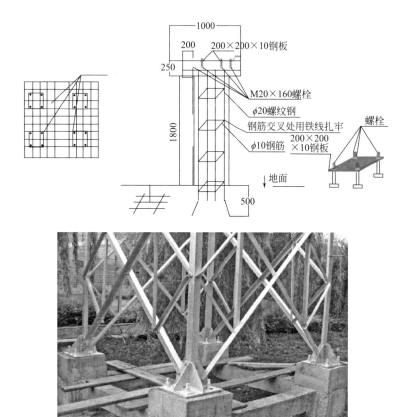

塔杆基础安装示意图

施工工艺说明

　　（1）避雷塔是按避雷塔节数确定基础预埋件及基础深度。

　　（2）根据现场实际情况选用适当的材料进行基础施工。

　　（3）注意混凝土养护期为一周以上。

3. 干线放大器及延长放大器

010407 干线放大器安装

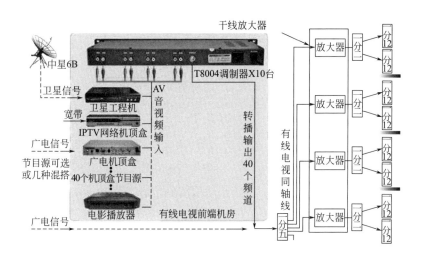

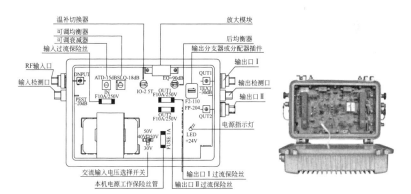

干线放大器示意图

施工工艺说明

（1）干线放大器一般安装在调制（解调）器之后，延长放大器之前。

（2）输入口接来自调制（解调）器输出端的信号线缆，输出口接去往延长放大器输入端的信号线缆。

（3）在墙壁电缆线路中，干线放大器应固定在墙壁上。吊线有足够的承载力，也可固定在吊线上。

（4）在地下穿管或直埋电缆线路中干线放大器的安装，应保证放大器不得被水浸泡，可将放大器安装在地面以上。

（5）干线放大器输入、输出的电缆，应留有不小于1m的余量。

010408 延长放大器安装

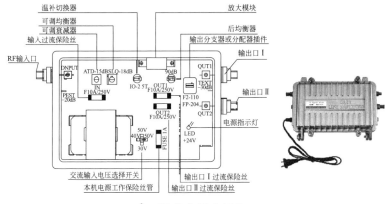

延长放大器示意图

施工工艺说明

（1）延长放大器一般安装在干线放大器之后，分支分配器之前。

（2）输入口接来自干线放大器输出端的信号线缆，输出口接去往分支分配器的信号线缆。

（3）在墙壁电缆线路中，延长放大器应固定在墙壁上。吊线有足够的承载力，也可固定在吊线上。

（4）在地下穿管或直埋电缆线路中延长放大器的安装，应保证放大器不得被水浸泡，可将放大器安装在地面以上。

（5）延长放大器输入、输出的电缆，应留有不小于1m的余量。

4. 分配器及分支器

010409 分配器安装

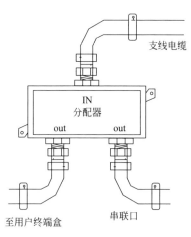

支线电缆

IN
分配器

out   out

至用户终端盒   串联口

分配器示意图

施工工艺说明

　　（1）分配器一般安装在延长放大器之后，终端设备之前。

　　（2）输入口接来自延长放大器输出端的信号线缆，输出口接去往设备端的信号线缆。

　　（3）将分配器固定在分配箱体底板。

　　（4）使用与同轴电缆型号相匹配的接器（一般为 75-5 BNC 接头）将分配器与同轴电缆相连，其连并应连接可靠，防止信号泄漏。

　　（5）电缆与电缆连接应采用连接器（接插件）紧密接合，不得松动、脱出。

010410 分支器安装

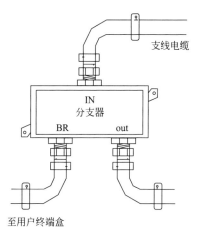

支线电缆

IN
分支器

BR   out

至用户终端盒

分支器示意图

施工工艺说明

（1）将分支器固定在分配箱体底板。

（2）使用与同轴电缆型号相匹配的接器（一般为75-5 BNC接头）将分支器与同轴电缆相连，并应连接可靠，防止信号泄漏。

（3）电缆与电缆连接应采用连接器（接插件）紧密接合，不得松动、脱出。

5. 机房设备

010411 放大器安装

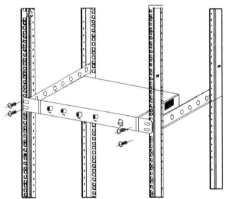

放大器安装示意图

施工工艺说明

（1）将放大器水平地固定于机柜内或者置于托盘上。

（2）输入输出接口分别插入信号线缆。

施工要点

（1）放大器宜安装在建筑物设备间或弱电室（含竖井）内。

（2）放大器应固定在放大器箱底板上，放大器箱室内安装高度不宜小于1.2m，放大器箱应安装牢固。

（3）放大器箱及放大器等有源设备应做良好接地，箱内应设有接地端子。

（4）干线放大器输入、输出的电缆，应留有不小于1m的余量。

（5）放大器未使用的端口应接入75Ω终端电阻。

010412 光工作站安装

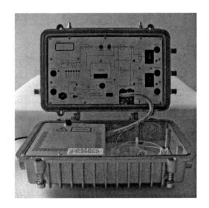

光工作站实物图

施工工艺说明

（1）光工作站一般为成品设备，应安装在机房或设备间内。

（2）光工作站应配备专用设备箱体，光工作站应牢固安装在专用设备箱体内。

（3）光工作站的供电装置应采用交流（220V）电源专线供电，供电装置应固定良好，与光工作站间距不应小于0.5m。

（4）光工作站、设备箱体和供电装置按设计要求应良好接地，箱内应设有接地端子。

施工要点

光工作站是有线电视HFC双向网络中光电互转换的重要节点。目前有线电视网络逐步由单向网向双向网转换，以满足数字业务和数字电视的发展。但是仍有部分地区使用单向网，则该节点处安装下行光接收机，只进行光向电的转换，其安装要求同光工作站。

010413 光发射机安装

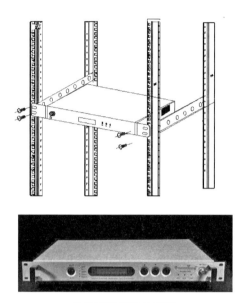

光发射机安装示意图

施工工艺说明

（1）按照机柜内空间规划及光发射机高度将浮动螺母固定到机柜的方孔条。

（2）利用附带螺栓将光发射机挂耳按照正确的方向及位置固定在光发射机两端。

（3）将光发射机挂耳四个螺孔与浮动螺母孔位对齐，拧入对角两颗螺栓。

（4）利用水平尺对光发射机进行调平，然后将已拧入的两颗螺栓进行紧固。

（5）拧入剩余两颗螺栓并紧固。

（6）最后利用附带螺栓将接地线固定在光发射机外壳和机柜立柱上。

010414 光接收机安装

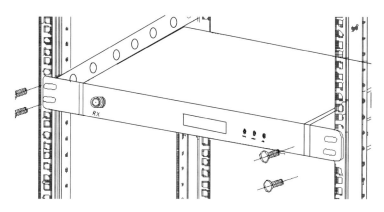

光接收机安装示意图

施工工艺说明

（1）按照机柜内空间规划及光接收机高度将浮动螺母固定到机柜的方孔条。

（2）利用附带螺栓将光接收机挂耳按照正确的方向及位置固定在光接收机两端。

（3）将光接收机挂耳四个螺孔与浮动螺母孔位对齐，拧入对角两颗螺栓。

（4）利用水平尺对光接收机进行调平，然后将已拧入的两颗螺栓进行紧固。

（5）拧入剩余两颗螺栓并紧固。

（6）最后利用附带螺栓将接地线固定在光接收机外壳和机柜立柱上。

010415 混合器安装

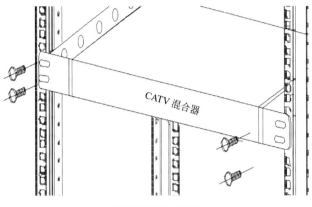

混合器安装示意图

施工工艺说明

（1）按照机柜内空间规划及混合器高度将浮动螺母固定到机柜的方孔条。

（2）利用附带螺栓将混合器挂耳按照正确的方向及位置固定在混合器两端。

（3）将混合器挂耳四个螺孔与浮动螺母孔位对齐，拧入对角两颗螺栓。

（4）利用水平尺对混合器进行调平，然后将已拧入的两颗螺栓进行紧固。

（5）拧入剩余两颗螺栓并紧固。

（6）最后利用附带螺栓将接地线固定在混合器外壳和机柜立柱上。

010416 QAM 调制器（4 路）安装

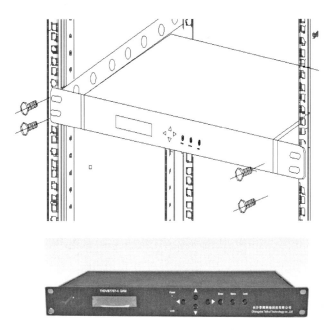

QAM 调制器（4 路）安装示意图

施工工艺说明

　　QAM 调制器（4 路）的施工工艺与混合器相同，将 QAM 调制器（4 路）水平固定于机柜内，连接线缆即可。编码器、复用器安装方式同此。

010417 卫星解码器安装

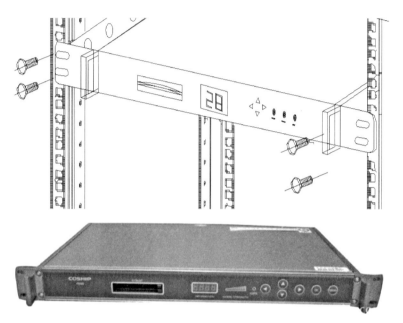

卫星解码器安装示意图

施工工艺说明

(1) 将卫星解码器水平固定于机柜内。

(2) 从卫星解码器 A/V 端口引线至电视机 A/V 端口。

(3) 把收视卡插入解码器中，遥控器装入电池。

(4) 连接电源线并接通电源。

010418 功分器安装

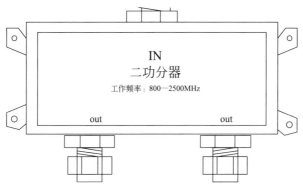

IN
二功分器
工作频率：800—2500MHz

out　　　　　　　　　out

功分器示意图

施工工艺说明

（1）将功分器固定在分配箱体底板。

（2）使用与同轴电缆型号相匹配的接器（一般为75-5 BNC接头）将功分器与同轴电缆相连，其连并应连接可靠，防止信号泄漏。

（3）电缆与电缆连接应采用连接器（接插件）紧密接合，不得松动、脱出。

010419 加扰器安装

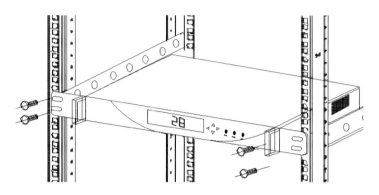

加扰器安装示意图

施工工艺说明

（1）按照机柜内空间规划及加扰器高度将浮动螺母固定到机柜的方孔条。

（2）利用附带螺栓将混合器挂耳按照正确的方向及位置固定在加扰器两端。

（3）将加扰器挂耳四个螺孔与浮动螺母孔位对齐，拧入对角两颗螺栓。

（4）利用水平尺对加扰器进行调平，然后将已拧入的两颗螺栓进行紧固。

（5）拧入剩余两颗螺栓并紧固。

（6）最后利用附带螺栓将接地线固定在加扰器外壳和机柜立柱上。

（7）根据实际需求对加扰器进行参数设置。

010420 用户室内终端的安装

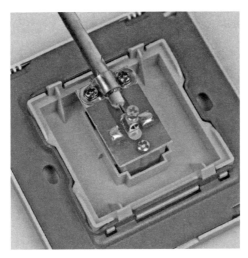

有线电视面板接线示意图

施工工艺说明

（1）有线电视终端面板安装与信息面板安装相同，其安装高度为距离地面 300mm；利用膨胀螺栓将底盒固定于预留槽内（或墙面），底盒内预留长度大约 300mm 的同轴电缆。

（2）将面板上的模块与同轴电缆按照正确的标准进行端接。

（3）利用面板配套螺栓将面板固定在底盒之上，最后将面板外壳卡扣在面板上即可完成安装。

注意事项

（1）底盒安装必须牢固可靠，不应有松动现象。

（2）盖板与底盒必须用螺栓固定牢固。

（3）面板安装应保持同一平面，间距均匀、端正大方，底边标高一致，与墙面无缝隙。

第五节 • 扩声系统

010501 有源扬声器安装

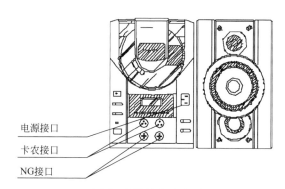

电源接口
卡农接口
NG接口

有源扬声器接线示意图

施工工艺说明

（1）将声源信号端接入扬声器信号输入端。

（2）接通有源扬声器电源。

（3）调节增益开关至声音大小合适即可。

010502 主扩声扬声器壁装

此端与音箱的底部托盘孔对应相接（孔径为31mm）

支架这一面需固定在墙壁上

支架

主扩声扬声器安装示意图

施工工艺说明

（1）用膨胀螺栓将壁挂支架固定于墙面。

（2）将扬声器固定在支架之上并调整合适的角度，拧紧螺栓。

（3）将音源信号线缆接入扬声器输入端子。

（4）广播扬声器壁装安装相同。

注意事项

（1）在安装音箱支架之前，要仔细检查墙面的承重能力。根据标准要求：安装墙面的承重量应该保证不低于安装设备的实际载重量的4倍。

（2）安装一定要牢固：墙面固定安装板的螺栓都必须装上，并且旋紧。装好后要摇摆测试是否存在掉落的隐患，若存在隐患，要求重新安装。

（3）音箱安装尽量往墙面靠近（如有较大间隙可调整安装杆的长度）。

（4）声音不受阻挡，可直接射向观众席，这样声能损失很小。

（5）音箱的种类不同，壁挂的方式也不同。有通过音箱底座孔位壁挂安装的（注意孔径为35mm，深度为85mm），也有通过音箱侧面与墙面固定的。

010503 主扩声扬声器落地安装

主扩声扬声器落地示意图

施工工艺说明

（1）将落地支架打开并调整至合适的高度。

（2）将落地支架顶部螺杆旋入扬声器底部对应螺孔内，并调整扬声器至合适的角度，拧紧螺栓。

（3）将音源信号线缆插头按照正确的方向插入扬声器输入端子。

注意事项

（1）落地支架支腿务必完全打开，否则扬声器安装完成后有倾倒风险。

（2）扬声器与支架连接处的螺栓务必紧固，否则后期会由于重力导致扬声器下垂。

（3）音源线接头与扬声器连接处务必牢固可靠，以防止后期扬声器出现杂声。

010504 广播扬声器吸顶安装

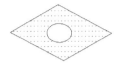
(a) 顶棚开孔

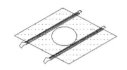
(b) 将安装支架固定在顶棚上

(c) 卸下扬声器网罩

(d) 将吸顶扬声器装入支架中

(e) 装好扬声器

(f) 装上扬声器网罩

广播扬声器吸顶安装示意图

施工工艺说明

（1）拆下安装位置的顶棚，根据扬声器直径大小用开孔器在顶棚上开出合适的孔。

（2）将扬声器安装支架固定在顶棚背面。

（3）卸下扬声器网罩，并将扬声器主体装入支架中固定好。

（4）将装有扬声器的顶棚装入原位置，并端接好扬声器线缆。

（5）装上扬声器网罩即可。

010505 线阵音箱安装

连接方式：全频音箱是手拉手的连接方式

方框区域是摆角度的卡销，根据现场情况进行调节

把突出来的按下去，卡销就能取出来

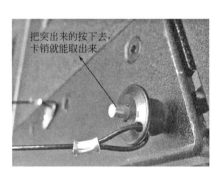

椭圆区域：卡销是放在音箱与音箱之间相连的间隙里面

线阵音箱安装示意图

施工工艺说明

（1）音箱的安装位置、方向、高度要遵循方案设计的要求，在现场可以很直观地调节好音箱的声辐射方向，保证观众席内各个区域都可获得较为均匀的直达声。

（2）采用吊装的方式安装，用自配的吊带或选择其他配件（要求承重量≥音箱重量×5）。

（3）在安装音箱支架之前，要仔细检查吊装固定处（如顶棚）的承重量。根据标准要求：吊装的承重量应该保证不低于安装设备的实际载重量的5倍。

（4）安装一定要牢固，装好后要摇摆测试是否会存在掉落的隐患，若存在隐患，要重新安装。

（5）声音不受阻挡，可直接射向观众席，声能损失很小。

注意事项

（1）在安装的过程中，一定要检查每个卡销是否安装到位，防止发生危险。

（2）根据现场不同的情况，角度也是不同的。

第六节 ● 会议系统

1. 显示部分

010601 正投投影机安装

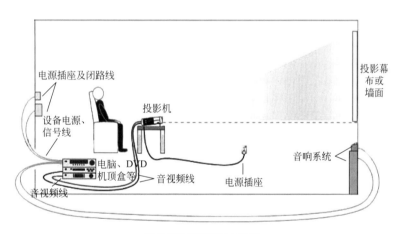

正投投影机安装示意图

施工工艺说明

　　在吊顶安装时，投影机的高度一般要在 1.7m 以上。

010602 吊顶投影机安装

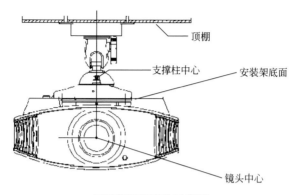

吊顶投影机安装示意图

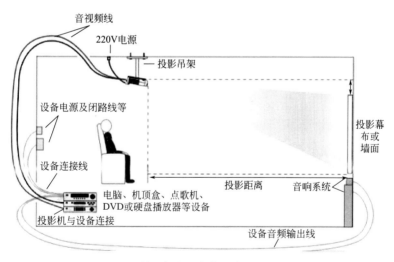

吊顶投影机安装示意图

施工工艺说明

在吊顶安装时，投影机的高度一般在 1.7m 以上，才能确保投影屏幕下沿到地面有 0.6～0.7m。

010603 投影机电动架吊装

投影机电动架实物图

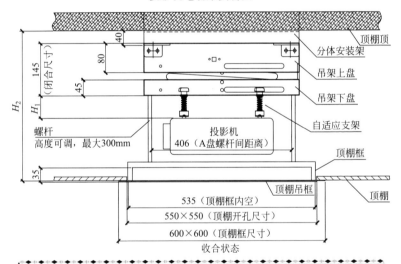

收合状态

标注：
- 顶棚顶
- 分体安装架
- 吊架上盘
- 吊架下盘
- 自适应支架
- 顶棚框
- 顶棚
- 顶棚吊框
- 螺杆 高度可调，最大300mm
- 投影机 406（A盘螺杆间距离）
- 535（顶棚框内空）
- 550×550（顶棚开孔尺寸）
- 600×600（顶棚框尺寸）
- H_2 145（闭合尺寸）
- H_1 45
- 40
- 80
- 35

施工工艺说明

（1）将吊架紧固在建筑物的楼板上。安装时，首先选好位置，根据投影机所处的位置确定吊架所处的方向，必须准确定好四个螺栓孔的位置才给膨胀螺钉打孔。

（2）供电电源应设有双闸刀电源开关，并装有4A的熔断管，电源线和控制线应用横截面积不小1.5mm² 的铜芯线。接地电阻不大于4Ω。

010604 投影机电动架顶棚内安装

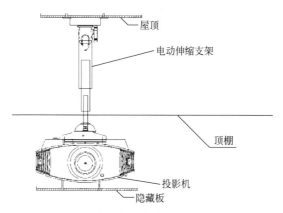

屋顶

电动伸缩支架

顶棚

投影机

隐藏板

投影机电动架顶棚内安装示意图

施工工艺说明

（1）水泥顶棚与假顶棚的净空高必须大于吊架机身高度＋接口盘高度＋万向头高度＋投影机实际厚度，特殊情况除外。

（2）建议顶棚开口：480mm×480mm（视投影机大小而定）；必须预留维修口，建议在离吊架100～200mm，出口：400mm×550mm。

（3）把吊架紧固在建筑物的楼板上。

（4）安装时，首先选好位置，根据投影机所处的位置确定吊架所处的方向，必须准确定好四个螺栓孔的位置再给膨胀螺钉打孔；供电电源应设有双闸刀电源开关，并装有4A的熔断管，电源线和控制线应用横截面积不小1.5mm^{2}的铜芯线。接地电阻不能大于4Ω。

010605 壁挂式显示器安装

壁挂式显示器实物图

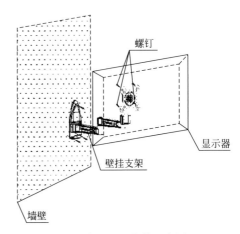

壁挂式显示器安装示意图

施工工艺说明

　　（1）适用于 $10m^2$ 以下的显示器，屏体总重量小于 $50kg$ 的显示器，可直接挂在承重墙上。墙体要求是实墙体或悬挂处有混凝土梁。空心砖或简易隔挡均不适用此安装方法。

　　（2）旋转支架挂装，适用于重量大于 $50kg$，屏体高度和宽度均大于 $1200mm$ 的显示器，必须安装在承重墙上。

010606 **吊装式显示器安装**

吊装式显示器实物图

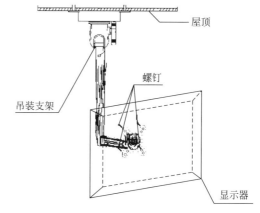

吊装式显示器安装示意图

施工工艺说明

（1）户外显示器用于吊装的比较少，最常见的是用于门店门口的门楣显示器。

（2）适用于 $10m^2$ 以下的显示器，此安装方式必须要有适合安装的地点，如上方有横梁或过梁处，且屏体一般需要加后盖。

010607 镶嵌式显示器安装

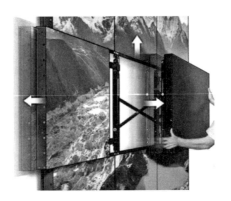

镶嵌式显示器实物图

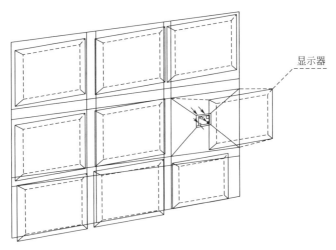

显示器

镶嵌式显示器安装示意图

施工工艺说明

　　镶装式结构是在墙体上开洞或者提前做好钢构电视墙架，将显示器镶在其内，要求洞口尺寸与显示器外框尺寸相符。

010608 融合器安装

融合器实物图

施工工艺说明

(1) 将融合器水平固定在机柜内。

(2) 连接电源线和接地线。

(3) 按照使用要求连接信号线。

(4) 调试融合器参数至最佳即可。

010609 AV 矩阵安装

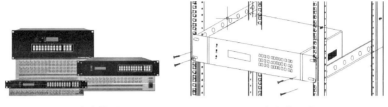

AV 矩阵实物图　　　　　　　　　　AV 矩阵安装示意图

施工工艺说明

（1）确定安装位置：首先需要确定 AV 矩阵的安装位置，一般建议选择离输入设备和输出设备较近的位置，以减少信号损耗。

（2）连接输入设备：将输入设备的信号源通过 AV 接口连接到矩阵切换器的输入端口上。

（3）连接输出设备：将输出设备（如显示器、投影仪等）通过 AV 等接口连接到矩阵切换器的输出端口上。

（4）供电连接：将矩阵切换器的电源适配器插入电源插座，然后将适配器的输出线连接到矩阵切换器的电源接口上。

（5）设置切换方式：有些矩阵切换器可以通过按钮、遥控器或电脑软件等方式进行切换。按照设备说明书的指引，设置切换方式以便在需要时进行切换。

（6）测试连接：完成以上步骤后，打开输入设备和输出设备，测试连接是否正常。如果存在问题，可以通过调整连接线路或重新设置切换方式来解决。

010610 VGA/HDMI 矩阵安装

VGA/HDMI 矩阵实物图

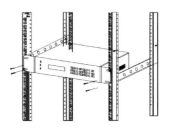

VGA/HDMI 矩阵安装示意图

施工工艺说明

(1) 确定安装位置：首先需要确定 VGA/HDMI 矩阵的安装位置，一般建议选择离输入设备和输出设备较近的位置，以减少信号损耗。

(2) 连接输入设备：将输入设备的信号源通过 VGA/HDMI 接口连接到矩阵切换器的输入端口上。

(3) 连接输出设备：将输出设备（如显示器、投影仪等）通过 VGA/HDMI 等接口连接到矩阵切换器的输出端口上。

(4) 供电连接：将矩阵切换器的电源适配器插入电源插座，然后将适配器的输出线连接到矩阵切换器的电源接口上。

(5) 设置切换方式：有些矩阵切换器可以通过按钮、遥控器或电脑软件等方式进行切换。按照设备说明书的指引，设置切换方式，以便在需要时进行切换。

(6) 测试连接：完成以上步骤后，打开输入设备和输出设备，测试连接是否正常。如果存在问题，可以通过调整连接线路或重新设置切换方式来解决。

010611 拼接屏安装

拼接屏实物图

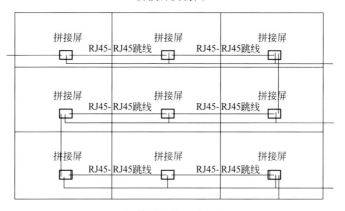

拼接屏安装示意图

施工工艺说明

（1）机架安装：安装时先将底座从左边第一组到右连接，再安装上组机柜从左边第一组到右连接，而后安装面框，最后连接固定屏单元的铝型材配件，每列固定2条。

（2）挂壁结构安装：确定安装固定孔位置，无尘打孔，固定安装架并调试方向和水平，安装拼接大屏。

（3）组装拼接屏单元：拼接屏单元由液晶屏、机芯、固定架组成，拼接屏单元安装到机柜（机架）即可。

010612 框架磁吸背条式显示屏安装

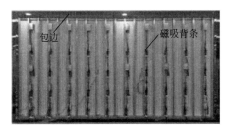

框架磁吸背条实物图

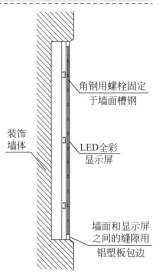

角钢用螺栓固定于墙面槽钢

装饰墙体

LED全彩显示屏

墙面和显示屏之间的缝隙用铝塑板包边

框架磁吸背条式显示屏安装示意图

◆ 施工工艺说明

（1）根据显示屏的大小和模组尺寸设计和制造钢架，一般使用 40mm×40mm 方钢。钢架在现场安装好后，在钢架上安装接收卡、电源、线材。把磁柱安装在模组上，连接好模组的电源线和排线后，将模组磁吸在钢架上。

（2）框架磁吸背条安装：

1）根据安装面积和模组尺寸设计框架（考虑包边和拼接缝隙），磁吸背条用 4cm 宽方钢根据模组尺寸均匀排列焊接在框架上，最后将框架固定在墙上。

2）采用 LED 显示屏常用 M4 磁柱，磁柱底盘直径（13±0.05）mm，磁柱高（13±0.05）mm；磁芯直径（10±0.05）mm，磁芯厚度（1.2±0.05）mm。

3）磁吸式显示屏防水性能较差，不建议在户外安装。

010613 弧形屏安装

弧形屏实物图

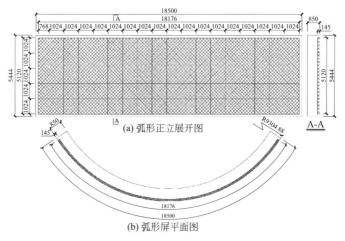

(a) 弧形正立展开图

(b) 弧形屏平面图

弧形屏安装示意图

施工工艺说明

（1）首先计算好弧度、弧长、弦长、弦高，根据计算值及钢结构图纸安装弧形钢结构，并预留一定的包边。

（2）先安装最下面一排的箱体，注意箱体与箱体之间的拼接缝隙与平整度。箱体之间要锁紧，箱体与钢结构用连接片和螺栓锁紧。

（3）依次从下至上安装箱体，并观察是否有拼接缝隙及平整度情况。安装完成所有箱体后，连接箱体之间的电源线和排线，检查其平整度与拼接缝隙。

（4）调试整屏无问题后完成包边。

010614 电子白板安装

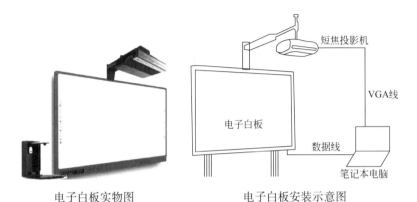

电子白板实物图   电子白板安装示意图

施工工艺说明

（1）固定安装

1）挂墙式：使用钢钉、膨胀螺栓将白板挂在墙面上。

2）离墙悬挂式：如果墙面为金属或磁性材料，则电子白板必须与墙面保持10cm的距离。

（2）移动安装

移动的动力方式有两种，一种是电动推拉，安装时需要将白板接口移至白板后面；另一种手动推拉，安装时需要将白板接口移至白板后面，白板左右两端需加装缓冲垫。

（3）电子白板升降式

1）电动升降：安装时需要将白板接口移至白板上端。

2）机械式升降：安装时需要将白板接口移至白板上端或白板后面，白板下端加装缓冲垫。

010615 视频展示台安装

视频展示台实物图

施工工艺说明

（1）把展示台附带的12VDC适配器的DC接头接展示台的电源插座，三端电源头子接市电的220V/50Hz的电源插座，其他设备根据各自说明书正确连接电源。

（2）把DVD的视频、左、右声道输出分别接到展示台视频输的入（V1）和左（L1）、右（R1）声道。

（3）把录像机的视频、左、右声道输出分别接到展示台视频输的入（V2）和左（L2）、右（R2）声道。

（4）把功放的左右声道输出端分别接到左右音箱。

（5）把计算机的VGA输出接到展示台的VGA1或VGA2。

（6）把展示台的VGA OUT2接到投影机或者显示器的VGA输入；VGA OUT1与计算机的VGA输入直连。

（7）把展示台的VIDEO接到投影机的视频输入。

（8）把接线检查一遍，无误后可接通各设备的电源。

010616 摄像机安装

摄像机实物图

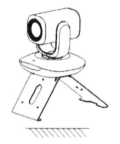 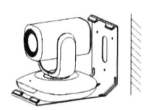

摄像机安装示意图

施工工艺说明

（1）摄像机安装方式有壁挂、吸顶、吊装、移动支架、移动推车、桌面等方式。

（2）在安装摄像机挂架之前，要仔细检查墙面的承重量。安装墙面的承重量须不低于安装设备的实际载重量的4倍，摄像机的重量大约为1.25～1.6kg。

010617 摇头灯安装

摇头灯实物图

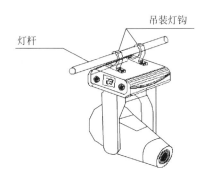

摇头灯安装示意图

施工工艺说明

（1）反转吊挂安装时，使用2套带M10螺栓的专业大挂钩，旋进在灯具底板上的吊挂螺栓孔内，必确保灯具不会从支撑架上跌落，用安全绳索穿过支撑架和灯具提手，防止灯具跌落和滑动。

（2）灯具在进行安装定位时，灯具表面上任何一点与任何易燃材料的最小距离为0.5m。

（3）灯具与接地的供电系统连接，并且灯具的地线必须与供电系统的地线接通，灯具金属外壳的地线标志端口要与安装灯架稳妥相连。

010618 LED 帕灯安装

LED帕灯实物图

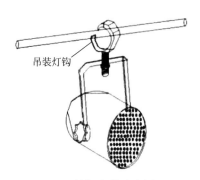

吊装灯钩

LED帕灯安装示意图

施工工艺说明

　　（1）LED帕灯应避免安装在高温环境下，灯与其他物体的距离至少应为0.5m，以防止过热和损坏，光线锁定时应采取足够的安全防范措施。

　　（2）调整一定的电压和频率为适应电源，并连接在正确的灯光，然后将其打开。

010619 三基色灯安装

三基色实物图

施工工艺说明

（1）在反转吊挂安装时，使用 2 套带 M10 螺栓的专业大挂钩，旋进三基色冷光灯的灯底板上的吊挂螺栓孔内，必须确保灯具不要从支撑架上跌落，用安全绳索穿过支撑架和灯具提手，防止灯具跌落和滑动。

（2）灯具在进行安装定位时，灯具表面上任何一点与任何易燃材料的最小距离为 0.5m。

（3）蓝激光灯的安装方式同此。

2. 会议发言系统

010620 会议系统主机安装

会议系统主机实物图

会议系统主机安装示意图

施工工艺说明

（1）确定安装位置：首先需要确定主机的安装位置，一般建议选择离输入设备和输出设备较近的位置，以减少信号损耗。

（2）连接输入设备：将输入设备的信号源通过接口连接到矩阵切换器的输入端口上。

（3）连接输出设备：将输出设备通过接口连接到矩阵切换器的输出端口上。

（4）供电连接：将主机的电源适配器插入电源插座，然后将适配器的输出线连接到主机的电源接口上。

（5）设置切换方式：可以通过按钮、遥控器或电脑软件等方式进行切换。按照设备说明书的指引设置切换方式，以便在需要时进行切换。

（6）测试连接：完成以上步骤后，打开输入设备和输出设备，测试连接是否正常。如果存在问题，可以通过调整连接线路或重新设置切换方式来解决。

010621 移动式主席单元安装

移动式主席单元实物图

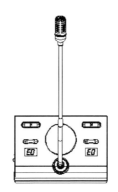

移动式主席单元示意图

施工工艺说明

（1）将移动式主席单元平稳放置于主席台之上。

（2）用连接线将主席单元连至调音台或者其他声音处理设备。

010622 移动式代表单元安装

移动式代表单元实物图

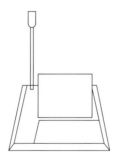

移动式代表单元示意图

施工工艺说明

（1）将移动式代表单元平稳放置于会议桌之上。

（2）用连接线将移动式代表单元连至会议系统主机或者其他声音处理设备。

3. 会议扩声系统

壁挂式音箱安装

壁挂式音箱实物图

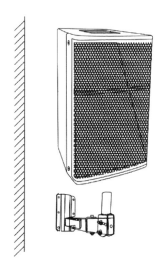

壁挂式音箱安装示意图

施工工艺说明

（1）将支架用螺栓固定在墙壁上，要求安装墙面的承重量应该保证不低于安装设备的实际载重量的 4 倍。

（2）音箱底部与托盘孔对应相接，孔径一般为 31mm。

010624 钢索吊装式音箱安装

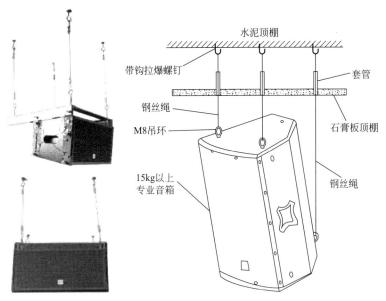

钢索吊装式音箱实物图　　　　钢索吊装式音箱安装示意图

施工工艺说明

（1）将带钩拉爆螺钉或环形膨胀螺栓固定在顶棚上，至少固定3个，吊装固定处(如顶棚)的承重量＞音箱重量×5。

（2）U形螺母锁固定好钢索，钢索一端与顶棚的螺栓固定，另一端与音箱吊环固定，钢索承重量＞音箱重量×5。

010625 支架吊装式音箱安装

 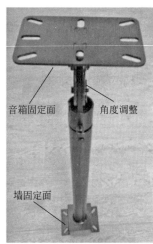

音箱固定面　　角度调整

墙固定面

支架吊装式音箱安装示意图

施工工艺说明

（1）把音箱顶部或背后的固定螺栓拆下，对准支架固定面螺栓孔，再固定即可。

（2）调节至适当的高度完成安装。整体伸缩长度760～1260mm，每节增减50mm，角度调节：170°～370°，每孔位调节10°。

010626 落地式音箱安装

落地式音箱实物图

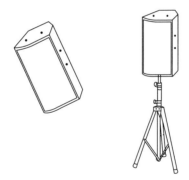

落地式音箱安装示意图

施工工艺说明

　　(1) 抬起音箱使底部托盘对准支架放下。

　　(2) 调节至适当的高度完成安装。当支架腿距为620mm时，支架高度范围：860～2300mm。

010627 嵌入式音箱安装

嵌入式音箱实物图

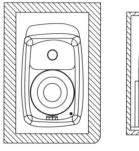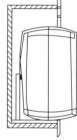

嵌入式音箱安装示意图

施工工艺说明

（1）音箱不能装得太高或太低（最大倾斜角度＜15°），前墙须是一个连续的表面，用来避免低频跌落和梳状滤波效应。

（2）音箱采用嵌入式安装需要与装修配合，确定音箱的固定方式。房间的声学结构要对称，音箱声轴须直指听音位置。

010628 吊装式线阵音箱安装

吊装式线阵音箱实物图

施工工艺说明

（1）用捯链吊架将线阵音箱升起来。

（2）线阵音箱升起来之后用铁链条固定线阵音箱，线阵音箱组合后的长度距离地面不能小于3m。

010629 壁挂式线阵音箱安装

壁挂式线阵音箱实物图

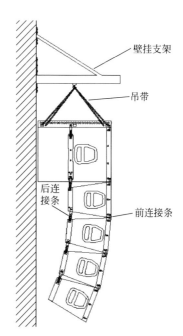

壁挂支架

吊带

后连接条

前连接条

壁挂式线阵音箱安装示意图

施工工艺说明

（1）首先要考虑线阵音箱安装的墙必须是水泥墙才能承重，将线阵音箱支架用螺栓固定在墙上。

（2）线阵音箱需要定制一个壁挂支架，伸出一条横梁，再把线阵音箱吊装上去。

010630 落地式线阵音箱安装

落地式线阵音箱实物图

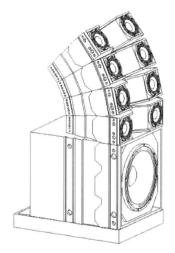

落地式线阵音箱安装示意图

施工工艺说明

　　（1）线阵音箱落地安装方式，要把低频音箱放在最底部，全频音箱叠加在上面，全频音箱不宜太多，一般不超过4只。

　　（2）如果全频音箱比较多，要定制支架固定，或者是靠墙摆放，防止线阵音箱往后倾倒。

4. 中控部分

010631 控制主机安装

控制主机实物图

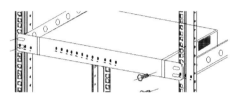

控制主机安装示意图

施工工艺说明

（1）确定安装位置：首先需要确定主机的安装位置，一般建议选择离输入设备和输出设备较近的位置，以减少信号损耗。

（2）连接输入设备：将输入设备的信号源通过接口连接到矩阵切换器的输入端口上。

（3）连接输出设备：将输出设备通过接口连接到矩阵切换器的输出端口上。

（4）供电连接：将主机的电源适配器插入电源插座，然后将适配器的输出线连接到主机的电源接口上。

（5）设置切换方式：可以通过按钮、遥控器或电脑软件等方式进行切换。按照设备说明书的指引设置切换方式，以便在需要时进行切换。

（6）测试连接：完成以上步骤后，打开输入设备和输出设备，测试连接是否正常。如果存在问题，可以通过调整连接线路或重新设置切换方式来解决。

010632 监视器桌面安装

监视器桌面实物图

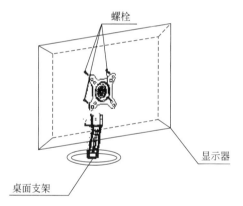

监视器桌面安装示意图

施工工艺说明

(1) 底座与支架按正确的方法组装好。

(2) 将显示器装到支架之上，调整显示器角度。

(3) 连接显示器电源以及信号线缆。

010633 监视器壁挂安装

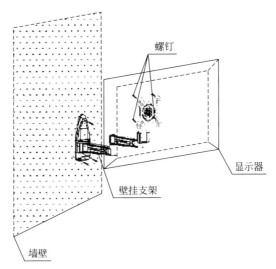

螺钉

显示器

壁挂支架

墙壁

监视器壁挂安装示意图

施工工艺说明

（1）适用于 $10m^2$ 以下的显示器，屏体总重量小于 $50kg$ 的显示器，可直接挂在承重墙上，无须留维修空间。墙体要求是实墙体或悬挂处有混凝土梁。空心砖或简易隔挡均不适用此安装方法。

（2）旋转支架挂装：适用于重量大于 $50kg$，屏体高度和宽度均大于 $1200mm$ 的显示器，必须安装在承重墙上。

010634 监视器吊顶安装

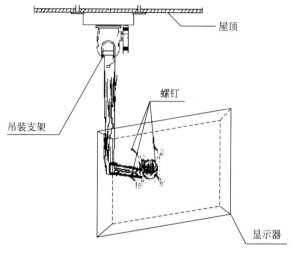

屋顶

螺钉

吊装支架

显示器

监视器吊顶安装示意图

施工工艺说明

(1) 适用于 $10m^2$ 以下的显示器，此安装方式必须要有适合安装的地点，如上方有横梁或过梁处，且屏体一般需要清晰后盖。

(2) 室内承重混凝土顶可采用标准吊件，吊件长度视现场情况而定。

010635 监视器幕墙镶嵌式安装

监视器实物图

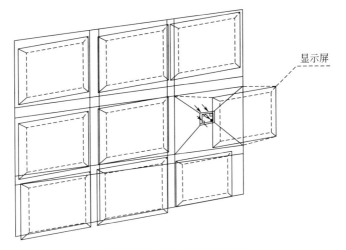

显示屏

监视器幕墙镶嵌式安装示意图

施工工艺说明

镶装式结构是在墙体上开洞或者提前做好钢构电视墙架，将显示屏镶在其内，要求洞口尺寸与显示屏外框尺寸相符，为便于维修，墙体上的洞口必须是贯通的。

010636 音视频处理器安装

音视频处理器实物图

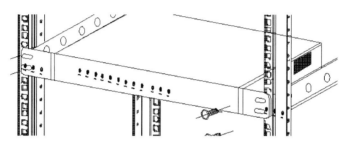

音视频处理器安装示意图

施工工艺说明

（1）用处理器连接系统，先确定好哪个输出通道用来控制全频音箱，哪个输出通道用来控制超低音音箱。

（2）接线完成后进入处理器的编辑（EDIT）界面来进行设置。

（3）根据音箱的技术特性或实际要求来对音箱的工作频段进行设置，也就是设置分频点；然后是分频斜率的选择，一般选 24dB/oct 即可。

第七节 • 室内移动通信覆盖系统

1. 干线放大器及延长放大器

010701 干线放大器安装

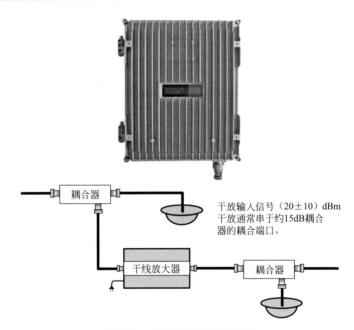

干放输入信号（20±10）dBm
干放通常串于约15dB耦合
器的耦合端口。

干线放大器实物与安装示意图

施工工艺说明

　　（1）使用对应型号的螺栓将干线放大器 T 形挂架锁在散热片侧面。

　　（2）在墙壁上合适位置打入膨胀螺钉（螺钉间距应与干线放大器挂架上的葫芦孔间距相匹配）。

　　（3）直接将挂架连同干线放大器机箱挂在墙壁上固定。

010702 延长放大器安装

延长放大器实物示意图

施工工艺说明

(1) 选择合适的位置：应靠近信号源或天线，并方便与要扩大信号的设备连接。

(2) 切断电源：在安装之前，确保关闭并拔掉所有相关设备的电源。

(3) 安装天线：将天线安装在信号放大器上，通常输入端会有天线接口。

(4) 连接设备：将要扩大信号的设备与信号放大器的输出端连接起来。

(5) 连接电源：将信号放大器的电源线插入电源插座，确保供电稳定。

(6) 调整增益和设置：根据需要调整信号放大器的增益设置，有些信号放大器可能提供旋钮或按钮来调整增益级别。

(7) 测试信号：完成安装后，重新连接所有设备的电源，并测试信号放大器是否工作正常。

注意事项

具体安装步骤可能会因不同的信号放大器品牌和型号而有所差异。因此，在安装之前，应阅读并遵循所购买的信号放大器的使用说明书或安装指南。如果对安装程序不确定，建议咨询专业人士或寻求专业帮助，以确保正确安装和操作。

2. 无源设备

010703 功分器安装

功分器实物图

施工工艺说明

（1）确定信号源和接收设备：首先，需要明确信号源的位置以及将要接收信号的设备的数量和位置。

（2）选择合适的功分器：根据需要分配的信号类型和设备数量，选择合适的一分二或其他类型的功分器。功分器具有一个输入接口和多个输出接口。

（3）连接信号源：将功分器的输入接口连接到信号源，如卫星接收器的输出。

（4）连接输出接口：功分器的两个输出接口分别连接到两个接收设备上。确保每个输出接口都正确连接，以避免信号干扰或设备无法正常工作。

（5）调整和测试：完成连接后，进行必要的调整和测试，确保所有设备都能正确接收到信号，并且信号质量符合要求。

注意事项

（1）确保所有连接都牢固可靠，以避免信号衰减或中断。

（2）如果使用高频头，应选择适合的双本振高频头，以避免两台接收设备同时接收不同极化方式的信号时产生干扰。

（3）通过上述步骤和注意事项，可以正确安装和使用功分器，实现一个信号源同时供应多个设备的需求。

010704 光分路器安装

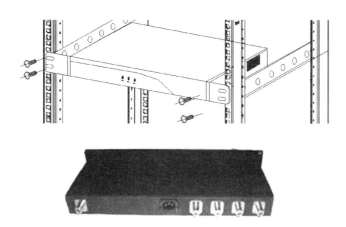

光分路器实物和安装示意图

施工工艺说明

（1）打开光分路器外包装，检查分路器外观是否完好。

（2）按机架式设备安装步骤将光分路器安装到机柜内。

（3）使用光纤跳线连接光分路器耦合器输入输出端和目标设备。

注意事项

（1）在进行光分路器的安装时，需特别注意安装环境的选择和准备，一般要求干燥、通风、无尘、无强电磁干扰并具有充分的安装空间和维护和修理通道。

（2）为了保证光分路器箱和周边设备的安全和稳定运行，还必须严格遵守相关的安全规定和操作规程。

010705 光合路器安装

光合路器实物图

施工工艺说明

（1）打开光合路器外包装，检查合路器外观是否完好。

（2）按机架式设备安装步骤将光合路器安装到机柜内。

（3）使用光纤跳线连接光合路器输入输出端和目标设备。

注意事项

（1）在进行光合路的安装时，需特别注意安装环境的选择和准备，一般要求干燥、通风、无尘、无强电磁干扰并具有充分的安装空间和维护和修理通道。

（2）为了保证光合路器和周边设备的安全和稳定运行，还必须严格遵守相关的安全规定和操作规程。

3. 天线

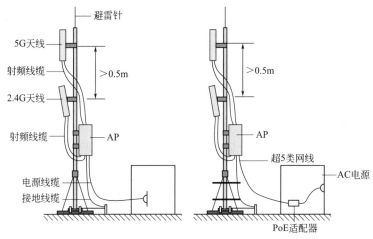

室外天线实物及安装示意图

施工工艺说明

（1）首先，需要确定接收信号的位置和信号的极化方式（水平或垂直），以便正确调整天线方向和极化设置。

（2）选择一个合适的位置，确保天线能够接收到所需的信号强度和质量。同时，考虑天线的安装高度和周围环境，避免障碍物阻挡信号。

（3）使用抱杆作为支撑结构，将天线固定到抱杆上。这包括将天线安装片固定在天线上，使用螺母、弹垫和平垫锁紧。

（4）将天线安装片、锯齿夹码用 U 形螺栓固定在抱杆上，并调节机械下倾角，确保天线垂直于地面。

（5）通过调整天线面与支撑杆之间的调节环调节天线的方位角；通过调整天线面与支撑杆之间的中间调节环调节天线的仰角；根据信号的极化方式调节天线极化角，优化天线的接收性能。

（6）取下天线接头的护盖，连接馈线接头。拧紧接头后，缠上防水胶带，以确保连接的可靠性和防水性能。

（7）将避雷针焊接在抱杆顶端，并将抱杆与防雷地网相连。

（8）根据安装环境的不同，将抱杆固定到楼顶墙裙或水泥墩上。在楼顶有女儿墙的情况下，可以使用膨胀螺钉将抱杆固定在墙上。在楼顶没有女儿墙的情况下，将抱杆垂直固定在楼顶的楼面上或水泥墩上，并用钢丝固定。

（9）完成安装后，进行必要的检查和调整，确保天线的性能达到最佳状态。

注意事项

保持天线与避雷针之间的安全距离，避免任何部位暴露于避雷针的保护范围之外。

010707 室内定向天线安装

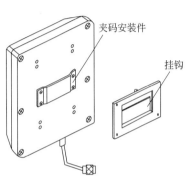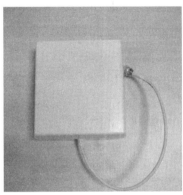

夹码安装件

挂钩

室内定向天线实物及安装示意图

施工工艺说明

（1）将天线安装片固定于天线背面，使用平垫、弹垫和螺母锁紧，确保安装牢固。

（2）将调节支架固定于天线安装片上，根据需要选择合适的方孔，将螺栓从天线与调节支架之间的狭小空间中伸出来，用平垫、弹垫和螺母轻轻固定（暂不锁紧）。

（3）在墙壁的相应位置钻4个孔，用于安装膨胀螺栓的塑胶膨胀管。这4个孔的相对位置必须与天线支架的4个圆孔完全一致。

（4）使用膨胀螺栓将天线支架底座固定于墙面。将调节支架固定于天线支架上，调节天线的角度，并锁紧所有螺母。

010708 室内全向吸顶天线安装

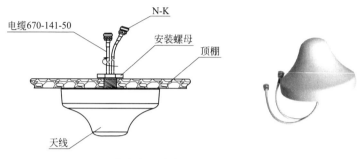

室内全向天线实物及安装示意图

施工工艺说明

（1）选择顶棚上尽量远离墙壁、金属物体和其他可能阻碍信号的障碍物的位置来安装天线，这样有助于确保信号的稳定传输和覆盖范围的最大化。

（2）使用安装支架将天线牢固地固定在顶棚上。这一步骤需要确保天线安装平稳，不会因为外界因素而移动或摇晃，从而影响信号的传输质量。

（3）根据天线的馈电系统类型，使用同轴电缆或波导管将天线连接到相关设备。

（4）根据实际需要，调整天线的方向以确保信号能够覆盖到需要的区域。

注意事项

（1）在安装过程中，需要注意确保所有连接都紧密无误，避免因为接触不良导致的信号问题。

（2）确保天线的安装高度和位置不会影响到室内的美观和使用功能。

010709 馈线安装

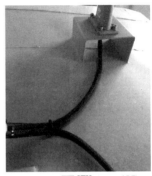

馈线波导夹间隔水平不能大于
1500mm，垂直不能大于1000mm，
并要求方向统一、整齐美观；
波导夹紧固螺丝要求上紧

馈线安装施工工艺图

施工工艺说明

（1）馈线的走向和连接顺序应符合施工图设计要求，确保馈线留有足够的余量，以适应天线的转动范围。

（2）馈线连接前应调整其位置，使法兰盘自然吻合，使用销钉定位并装好密封橡皮圈，然后用螺栓连接紧固。

（3）馈线转弯时，曲率半径应不小于电缆直径的12倍，室外同轴电缆接头应有保护套并用硅密封剂密封。

（4）椭圆软波导馈线两端椭矩变换处必须用矩形波导卡子加固，水平走向的加固间距约为1m，垂直走向的加固间距约为1.5m，拐弯处应适当增加加固点。

（5）波导馈线和低损耗射频电缆外导体在天线附近和机房入口处应与接地体做良好的电气连接。

（6）基站馈线系统和室外光缆安装时，馈线进入机房前应有防水弯，防止雨水进入机房。馈线拐弯应圆滑均匀，弯曲半径应大于等于馈线外径的20倍。

（7）馈线在室外部分的外屏蔽层应接地，接地线一端用铜鼻子与室外走线架或接地排可靠连接，另一端用接地卡子卡在开剥外皮的馈线外屏蔽层（或屏蔽网）上，保持接触牢靠并做防水处理。

（8）定向天线与馈线连接处、与设备侧软跳线连接处应有防雷器。

（9）切割后的馈线外导体应保持光滑，无损坏，截面必须呈圆形，并无变形。切割完成后，横截面应是外导体的波纹管的波峰处，必须对馈线的内导体进行导角处理。

4. 光端机

010710 光端机安装

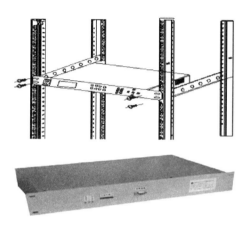

光端机实物及安装示意图

施工工艺说明

　　(1) 从包装内取出光端机整机和附件，并按照装箱清单清点设备及附件，确保所有配件齐全。同时，需要检查设备的配置是否与合同需求一致。

　　(2) 按照机架式设备安装步骤，将光端机固定在机柜内。

　　(3) 连接光端机电源及输入输出端线缆。

　　(4) 开启电源、检测信号、调整参数并使用光纤测试仪器检查光纤的连接质量和传输性能。

注意事项

　　光端机为成对设备，两台光端机之间的连线必须遵循：其中一台光端机的发送端必须连接对端光端机的接收口，接收端必须连接对端光端机的发送端。

第八节 · VSA 卫星通信系统

1. 天线

010801 天线安装

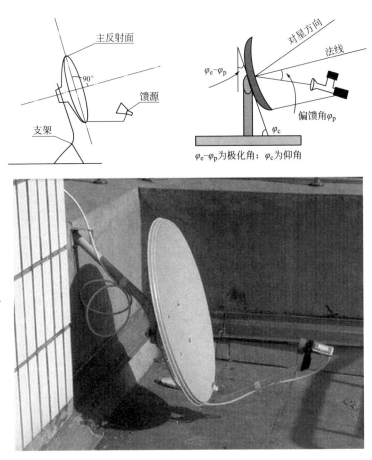

$\varphi_e - \varphi_p$ 为极化角；φ_c 为仰角

卫星天线实物及安装示意图

施工工艺说明

（1）按照说明书正确组装卫星天线和高频头。

（2）根据地理位置选择合适的安装地点，通常需确保天线朝向指定的卫星方位角。

（3）调整天线仰角和方位角，直至找到最佳信号，当信号稳定且较强时固定天线。

（4）使用馈线即同轴电缆连接高频头的高频输出端至接收机的高频输入端。

（5）确保设备接收到稳定的电源供应，并进行接地处理，以防雷击及电磁干扰。

（6）检查线路是否正确连接，并进行外观检查。

（7）对设备进行设置、配置和校准，确保设备能够正常运行。

（8）进行测试信号的接收和解析，判断接收设备是否正常工作。

（9）通过测试工具对接收到的信号进行质量检测，包括信号强度、信噪比、误码率等，根据检测结果对设备进行调整和优化。

注意事项

（1）所有连接线应防水，其他接口也要注意其防水性。

（2）在组装时使用的胶带应是防水的。

（3）应充分考虑避雷要求，将天线安装在避雷针防护范围之内。

2. 主站

010802 卫星接收服务器安装

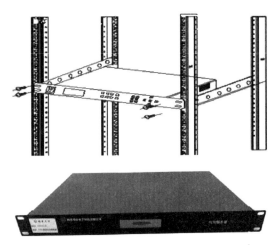

卫星接收服务器实物及安装示意图

施工工艺说明

(1) 从包装内取出卫星接收服务器整机和附件，并按照装箱清单清点设备及附件，确保所有配件齐全。

(2) 按照机架式设备安装步骤，将卫星接收服务器固定在机柜内。

(3) 将卫星天线连接至服务器后部的天线接口。

(4) 电源连接：将电源线接入服务器的电源插口，确保电力供应的连续性。

(5) 开启电源面板上的开关，启动服务器并进入初始化状态。

(6) 服务器完成初始化后，对服务器系统及端口参数进行配置。

3. 小站

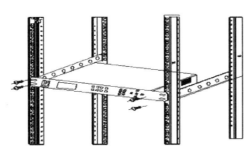

变频器实物及安装示意图

施工工艺说明

（1）从包装内取出变频器整机和附件，并按照装箱清单清点设备及附件，确保所有配件齐全。

（2）按照机架式设备安装步骤，将变频器固定在机柜内。

（3）打开变频器外壳，松开主机盖的螺钉，用手按住主机盖左右两端，向下滑动后向前倒，然后向上取下外壳。

（4）将配线引入板向上推的同时向跟前滑动并卸下，查看配线。按照与上述步骤相反的顺序安装配线引入板与表面外壳。

（5）参照说明书，利用变频器的控制面板对变频器参数进行设置。

第九节 • 客房控制系统

1. RCU

010901 RCU 控制箱安装

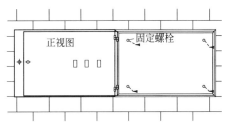

RCU 控制箱实物及安装示意图

> ### 施工工艺说明
>
> （1）打开 RCU 控制箱外包装，查看箱门和箱体是否有磨损掉漆及变形，清点附件是否齐全。
>
> （2）用钥匙打开箱门，并从箱门与箱体连接的铰链处分离箱门与箱体。
>
> （3）将箱体紧贴至墙面上安装的位置处，调整箱体至横平竖直（此处需要2个人配合完成），然后透过箱体内固定孔位在墙面做好标记。
>
> （4）用冲击钻在墙面标记好的位置处打孔，并安装膨胀螺栓。
>
> （5）拆下膨胀螺栓螺母，将螺杆穿过 RCU 控制箱箱体固定孔位。
>
> （6）从箱体内拧入膨胀螺栓对角螺母（不要拧紧），调节箱体至横平竖直，然后拧紧螺母。
>
> （7）拧入剩余螺母并紧固，将箱门安装到箱体上。

010902 电源模块安装

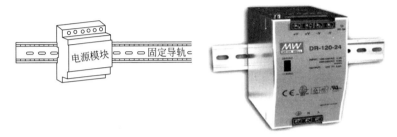

电源模块实物及安装示意图

施工工艺说明

（1）根据电源模块的尺寸和重量，选择合适的导轨，并将其固定在控制箱或机架上。

（2）将电源模块卡接到导轨上，确保模块与导轨紧密配合，没有松动。

（3）根据电源模块的接线图，正确连接输入和输出线路。注意极性和线径的选择，确保电流能够安全通过。

（4）使用螺栓或其他固定装置将电源模块固定在导轨上，防止在使用过程中发生移动或脱落。

（5）完成安装后，进行一次全面检查，确保所有连接都牢固可靠。然后进行电源模块的功能测试，确保其正常工作。

010903 8 路继电器模块安装

8 路继电器模块实物及安装示意图

施工工艺说明

（1）根据 8 路继电器模块的尺寸和重量，选择合适的导轨，并将其固定在控制箱或机架上。

（2）将 8 路继电器模块卡接到导轨上，确保模块与导轨紧密配合，没有松动。

（3）根据模块的接线图，正确连接输入和输出线路。注意常开和常闭的选择，确保继电器能够按照指令做出正确的动作。

（4）使用螺栓或其他固定装置将继电器模块固定在导轨上，防止在使用过程中发生移动或脱落。

（5）完成安装后，进行一次全面检查，确保所有连接都牢固可靠。然后进行继电器模块的功能测试，确保其正常工作。

010904 4 路可控硅调光模块安装

4 路可控硅调光模块实物及安装示意图

施工工艺说明

（1）根据调光模块的尺寸和重量，选择合适的导轨，并将其固定在控制箱或机架上。

（2）将调光模块卡接到导轨上，确保模块与导轨紧密配合，没有松动。

（3）根据模块的接线图，正确连接输入和输出线路。注意输出端控制颜色的接线，确保调光模块能够按照指令正确控制灯具颜色（或者使所控灯具发出正确的颜色）。

（4）使用螺栓或其他固定装置将调光模块固定在导轨上，防止在使用过程中发生移动或脱落。

（5）完成安装后，进行一次全面检查，确保所有连接都牢固可靠。然后进行调光模块的功能测试，确保其正常工作。

010905 4/2 管制空调控制模块安装

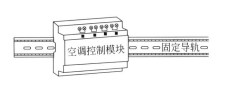

4/2 管制空调控制模块实物及安装示意图

施工工艺说明

（1）根据空调控制模块的尺寸和重量，选择合适的导轨，并将其固定在控制箱或机架上。

（2）将空调控制模块卡接到导轨上，确保模块与导轨紧密配合，没有松动。

（3）根据模块的接线图，正确连接输入和输出线路。注意控制信号类型选择，确保空调控制模块能够按照指令正确控制空调制冷制热及风量大小。

（4）使用螺栓或其他固定装置将空调控制模块固定在导轨上，防止在使用过程中发生移动或脱落。

（5）完成安装后，进行一次全面的检查，确保所有连接都牢固可靠。然后进行空调控制模块的功能测试，确保其正常工作。

010906 40 进 32 出模块安装

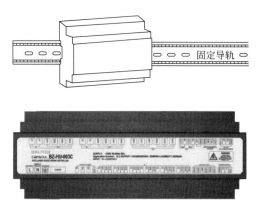

固定导轨

40 进 32 出模块实物及安装示意图

施工工艺说明

（1）根据模块的尺寸和重量，选择合适的导轨，并将其固定在控制箱或机架上。

（2）将模块卡接到导轨上，确保模块与导轨紧密配合，没有松动。

（3）根据模块的接线图，正确连接输入和输出线路。

（4）使用螺栓或其他固定装置将模块固定在导轨上，防止在使用过程中发生移动或脱落。

（5）完成安装后，进行一次全面的检查，确保所有连接都牢固可靠。然后进行模块的功能测试，确保其正常工作。

010907 网络通信模块安装

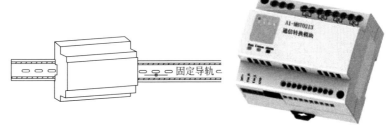

网络通信模块实物及安装示意图

施工工艺说明

（1）根据网络通信模块的尺寸和重量，选择合适的导轨，并将其固定在控制箱或机架上。

（2）将网络通信模块卡接到导轨上，确保模块与导轨紧密配合，没有松动。

（3）根据模块的接线图，正确连接输入和输出线路。

（4）使用螺栓或其他固定装置将网络通信模块固定在导轨上，防止在使用过程中发生移动或脱落。

（5）完成安装后，进行一次全面的检查，确保所有连接都牢固可靠。然后进行网络通信模块的功能测试，确保其正常工作。

010908 交流接触器安装

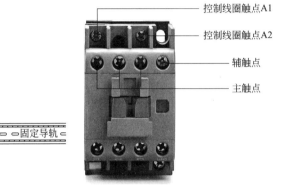

控制线圈触点A1

控制线圈触点A2

辅触点

主触点

固定导轨

交流接触器实物及安装示意图

施工工艺说明

（1）根据交流接触器的尺寸和重量，选择合适的导轨，并将其固定在控制箱或机架上。

（2）将网交流接触器卡接到导轨上，确保交流接触器与导轨紧密配合，没有松动。

（3）根据交流接触器的接线图，正确连接输入和输出线路。

（4）使用螺栓或其他固定装置将交流接触器固定在导轨上，防止在使用过程中发生移动或脱落。

（5）完成安装后，进行一次全面的检查，确保所有连接都牢固可靠。然后进行交流接触器的功能测试，确保其正常工作。

2. 前端设备

010909 空调温控器安装

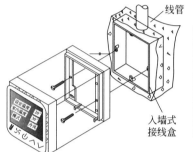

线管

入墙式
接线盒

空调温控器实物及安装示意图

施工工艺说明

    （1）拔下空调温控器背面主板上的控制线插头，将墙面底盒内提前预留好的控制线缆按照温控器说明书接线顺序端接在拔下的插头内，重新插回插头。

    （2）打开温控器电源开关，随机按压各个功能键，查看空调是否工作，是否按照所按功能按键开启对应的功能。

    （3）拆下温控器面板外框，使用附带螺杆将温控器固定在墙面预留底盒上。

    （4）将温控器面板外框重新扣回温控器。

010910 服务面板安装

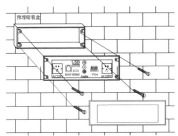

服务面板实物及安装示意图

施工工艺说明

（1）检测服务面板预留底盒内的电源线是否带电（如果有电必须切断电源）。

（2）按照先弱电后强电的顺序，将底盒内的线缆按照正确的编号和线序接入服务面板后端各接口。

（3）拆下服务面板外框，使用附带螺杆将温控器固定在墙面预留底盒上；将服务面板外框重新扣回服务面板。

（4）打开该回路电源，测量电压是否正常，测量网络、音频、视频等信号是否稳定并达到要求。

010911 紧急按钮安装

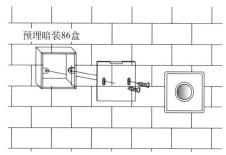

预埋暗装86盒

紧急按钮实物及安装示意图

施工工艺说明

（1）将墙面底盒内提前预留好的控制线缆按照紧急按钮说明书接线顺序接入紧急按钮背面接线端。

（2）按下紧急按钮，查看对应区域是否报警。

（3）使用附带钥匙对紧急按钮进行复位，重复以上动作测试紧急按钮功能是否正常。

（4）拆下紧急按钮面板外框，使用附带螺杆将温控器固定在墙面预留底盒上。

（5）将紧急按钮面板外框重新扣回温控器。

010912 电动窗帘安装

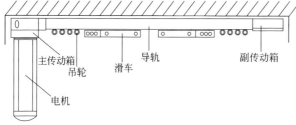

主传动箱　吊轮　滑车　导轨　副传动箱　电机

电动窗帘实物及安装示意图

施工工艺说明

（1）按说明书内容使用附带控制线连接电动窗帘电机主机和遥控器（无线遥控的忽略此步骤）。

（2）给电动窗帘主机通电，并用遥控器测试电机工作是否正常。

（3）按照说明书要求及顺序，组装电动窗帘滑轨、窗帘挂环、电机主机等部件。

（4）按照组装完成的电动窗帘底部各固定孔位位置及尺寸在墙面（或屋顶）打孔，并安装膨胀螺栓。

（5）将电动窗帘机械部分固定在已安装的膨胀螺栓上。

（6）将预留线缆接入电动窗帘主机上，再次使用遥控器测试电动窗帘工作是否正常。

（7）将窗帘挂入滑轨上的吊环上。

010913 总控开关安装

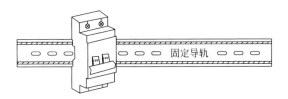

总控开关实物及安装示意图

施工工艺说明

（1）根据总控开关的尺寸和重量，选择合适的导轨，并将其固定在控制箱或机架上。

（2）将总控开关卡接到导轨上，确保模块与导轨紧密配合，没有松动。

（3）根据总控开关的接线图，正确连接输入和输出线路。注意极性和线径的选择，确保电流能够安全通过。

（4）使用螺栓或其他固定装置将总控开关固定在导轨上，防止在使用过程中发生移动或脱落。

010914 智能插卡器安装

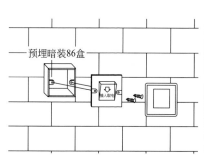

智能插卡器实物及安装示意图

预埋暗装86盒

施工工艺说明

（1）检测智能插卡器预留底盒内的电源线是否带电（如果有电必须切断电源）。

（2）按照正确的线序将底盒内的线缆接入智能插卡器。

（3）将智能卡插入插卡器，测试房间内是否通电；拔出智能卡，测试电源是否在预设的时间内切断。

（4）拆下插卡器面板外框，使用附带螺杆将温控器固定在墙面预留底盒上。重新扣回插卡器面板外框。

（5）打开该回路电源，测量电压是否正常，测量网络、音频、视频等信号是否正常。

010915 门磁安装

1.产品展示

2.撕下背板后方的
双面胶

3.将背板粘在门上

4.将挂扣对准U形槽，
向下滑动

5.将门进主体扣挂
在背板上

6.将进条直接黏在
门上，与主体平行

7.典型场景：门

8.典型场景：抽屉

门磁实物及安装步骤图

施工工艺说明

（1）根据门磁尺寸，确定并标记好门磁安装位置。

（2）取下底座并撕开背部双面胶，将门磁两极粘贴在指定位置。

（3）将门磁主体扣挂在底座上。

第十节 ● 时钟系统

011001 中心母钟安装

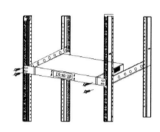 

中心母钟实物及安装示意图

施工工艺说明

（1）从包装内取出中心母钟整机和附件，并按照装箱清单清点设备及附件，确保所有配件齐全。

（2）按照机架式设备安装步骤及要求，将中心母钟固定在机柜内。

（3）将天线馈线接入中心母钟后端天线接口。

（4）将电源线连接到电源插座上，主机的网线也需要连接到网络。

（5）使用网线连接电脑和主机，登录主机的web管理界面，并根据说明书配置主机的参数，如时间格式、IP地址、NTP服务器等。

011002 指针式子钟安装

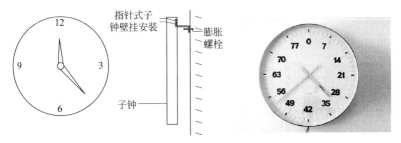

指针式子钟实物及安装示意图

施工工艺说明

（1）将指针式子钟安装片固定于时钟背面，使用平垫、弹垫和螺母锁紧，确保安装牢固。

（2）根据需要选择合适的孔位，将螺栓从时钟与支架之间的狭小空间中伸出来，用平垫、弹垫和螺母轻轻固定（暂不锁紧）。

（3）在墙壁的相应位置钻孔，用于安装膨胀螺栓的塑胶膨胀管。孔的相对位置必须与时钟支架的圆孔完全一致。

（4）使用膨胀螺栓将时钟支架底座固定于墙面。将支架固定于时钟支架底座上，调节时钟的角度至横平竖直，并锁紧所有螺母。

（5）将时钟通信线缆接入就近网络设备。

011003 数显式子钟安装

数显式子钟实物及安装示意图

施工工艺说明

（1）数显式子钟大多数采用吊装的方式进行安装。

（2）选择顶棚上尽量靠近通道中间的位置进行安装。

（3）使用安装支架将时钟牢固地固定在顶棚上。这一步骤需要确保时钟安装平稳，不会因为外界因素而移动或摇晃，从而影响施工质量。

（4）使用附带线缆（一般为网线）将时钟连接到就近网络设备。

（5）调整时钟的方向至横平竖直，然后将线缆用扎带固定到支架上（多余线缆收进顶棚内进行隐藏）。

011004 大型室外钟安装

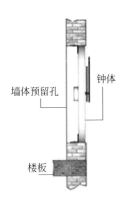

墙体预留孔 —— 钟体

楼板 ——

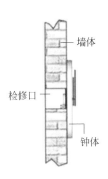

—— 墙体

检修口 ——

—— 钟体

户外时钟实物与安装示意图

施工工艺说明

（1）户外大型时钟安装一般分为壁挂式安装和嵌入式安装两种方式。

（2）以墙体预留孔位中心点为圆心，以时钟设计尺寸半径长度为半径在墙面上画圆。

（3）将画好的圆进行十二等分，确定时钟十二个刻度点位。

（4）在确定好的刻度点位处穿墙打孔（嵌入式安装忽略此步骤），并使用预制好的螺杆将时钟对应刻度进行逐一固定安装。

（5）组装机芯及配套指针轴承，然后将其固定在墙体预留孔内。

（6）按顺序安装指针。

（7）在指定位置安装报时喇叭，并放线至控制单元处。

（8）连接信号及电源线缆。

011005 GPS 天线安装

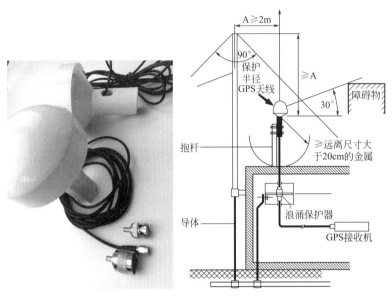

GPS 天线实物与安装示意图

施工工艺说明

（1）选择一个合适的位置，确保天线能够接收到所需的信号强度和质量。同时，考虑天线的安装高度和周围环境，避免障碍物阻挡信号。

（2）使用抱杆作为支撑结构，将天线固定到抱杆上。

（3）将天线安装片、锯齿夹码用 U 形螺栓固定在抱杆上，并调节机械下倾角，确保天线垂直于地面。

（4）通过调整天线面与支撑杆之间的调节环调节天线的方位角、通过调整天线面与支撑杆之间的中间调节环调节天线的仰角、根据信号的极化方式调节天线极化角，优化天线的接收性能。

（5）取下天线接头的护盖，连接馈线接头。拧紧接头后，缠上防水胶带，以确保连接的可靠性和防水性能。

（6）将避雷针焊接在抱杆顶端，并将抱杆与防雷地网相连。

（7）完成安装后，进行必要的检查和调整，确保天线的性能达到最佳状态。

第十一节 ● 电话交换系统

1. 主机设备

011101 交换机主机硬件安装

施工工艺说明

（1）把机框放入19英寸机架内，在机框边缘的4个凹槽位置卡上固定螺母，按要求连接线缆。

（2）对机架、配线架、机框按施工图的抗震要求进行加固。

（3）粘贴各种文字和符号标志应正确、清晰、齐全。

施工要点

（1）各种电路板数量、规格、接线及机架的安装位置应与施工图设计文件相符且标识齐全正确。

（2）设备的供电电源线，接地线规格应符合设计要求，并端接应正确、牢固；

（3）测量机房主电源输入电压应正常。

011102 数字中继接口板安装

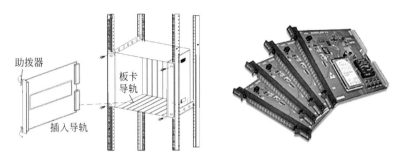

助拨器

板卡
导轨

插入导轨

数字中继接口板实物与安装示意图

施工工艺说明

（1）从包装内取出数字中继接口板和附件，并按照装箱清单清点设备及附件，确保所有配件齐全。

（2）按照机架式设备安装步骤及要求，将数字中继主机框固定在机柜内。

（3）沿着主机框对应槽位的导轨把数字中继接口板插在机框通用槽位上。

（4）水平沿导轨按照图示方向推板卡，使板卡与母板上的连接器牢固连接。

（5）按照箭头方向扣下助拨器，将板卡固定在机框内。

（6）模拟用户接口板、模拟中继接口板、数字用户接口板的安装方式同此。

011103 通信服务器安装

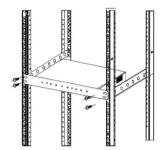 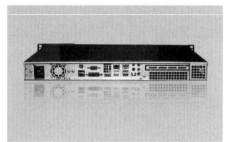

通信服务器实物与安装示意图

施工工艺说明

（1）从包装内取出通信服务器整机和附件，并按照装箱清单清点设备及附件，确保所有配件齐全。

（2）按照机架式设备安装步骤及要求，将通信服务器固定在机柜内。

（3）将电源线连接到电源插座上。主机的信号线也需要连接到中继服务器。

（4）使用网线连接电脑和主机，登录主机的 web 管理界面，并根据说明书配置主机的参数。

2. 其他设备

011104 多媒体话务台安装

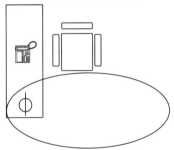

多媒体话务台实物与安装示意图

施工工艺说明

（1）打开话务台外包装并按照装箱清单清点设备及附件，检查话务台外观是否完好。

（2）按照说明书步骤及要求组装话务机主机及其附件，并连接电源及信号线缆。

（3）将组装完成并接好电源及信号线缆的话务机平稳放置于操作台之上（或固定到提前预留的凹槽或孔洞内）。

（4）打开电源，对话务台通信地址、登录用户信息及权限等参数进行设置。

（5）整理线缆，清理台面。

011105 数字话机安装

数字电话机实物图

施工工艺说明

（1）打开包装箱，取出电话机及其配套的线路和其他附件，检查是否有遗漏或损坏。

（2）按照说明书步骤、要求组装电话机及其附件，并使用附带信号线将电话机连接至就近接口面板。

（3）按下免提按键并拨打内部其他电话号码，查看电话通话信号是否畅通，通话质量是否符合要求。

（4）清理台面，整理线缆。

011106 整流器组件安装

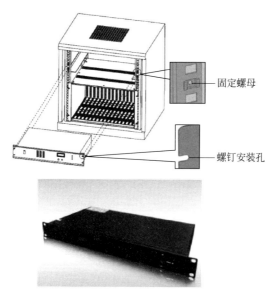

固定螺母

螺钉安装孔

整流器实物与安装示意图

施工工艺说明

（1）从包装内取出整流器和附件，并查看整流器外观是否完好。

（2）清点设备及附件，查看所有配件齐全。

（3）按照机架式设备安装步骤及要求，将整流器固定在机柜内。

（4）按照说明书要求及接口类型，连接电源及信号线缆。

（5）按照说明书步骤设置整流器参数，并整理机柜内线缆。

011107 蓄电池安装

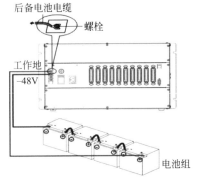

蓄电池组实物与安装示意图

施工工艺说明

（1）打开电池外包装，查看电池外观是否完好，是否漏液。

（2）将电池组整齐地摆放在提前预留好的位置，电池组电池之间的放电间隙应不小于 $10\sim15mm$，以保证空气流通和热量扩散。

（3）确认正负极，串联连接电池间导电电缆，安装和拆卸导电电缆（铜排和电池连接线）时，必须使用绝缘工具和防护手套，以确保安全和避免触电。

（4）把电池电缆连接到主机后面板的电池组连接端子上，拧紧接线端子的螺栓。

注意事项

（1）安装时应尽量靠近负载设备，选用的电缆、铜排、连接电缆应匹配，保证接线排的截止流量符合标准，留有余量，以保证运行安全，降低线路压降。

（2）安装过程中要注意避免任何形式的碰撞，电池要放在同一高度，排列整齐。

（3）电池接线过程中，严禁空载短路电池，以免发生危险。

第二章　建筑设备管理系统

第一节 ● 楼宇自控系统

1. 传感器

020101 室内一氧化碳传感器安装

室内一氧化碳传感器示意

室内一氧化碳传感器施工现场图

施工工艺说明

（1）确定安装位置：根据现场需求和实际布局，选择一个合适的安装位置，通常为在室内距地 2.2m 以上的墙面、柱面等不易触碰到的高度选择适合的位置。

（2）准备工具：准备需要的工具和材料，螺丝刀、螺栓、信号线等。

（3）标记安装位置：使用标尺和铅笔标记出传感器的安装位置。

（4）安装底座：把底座安装在标记的位置上。

（5）连接信号线和电源线：将室内一氧化碳的线连接到相对应的端子上。

（6）安装传感器：把传感器装入预先固定好的标准的 86 型暗盒内并固定，完成安装。

020102 室内二氧化碳传感器安装

室内二氧化碳传感器示意图　　室内二氧化碳传感器施工现场施工图

施工工艺说明

　　（1）确定安装位置：根据现场需求和实际布局，选择一个合适的安装位置。注意：传感器房间内墙通风处，不能安装在壁橱内、不能位于窗帘后，不要在供热设备上边或周围，不要由聚光灯直接照射。传感器不能安装在太阳直射的位置。传感器后端的出线口必须密封，用以避免气流的进入产生测量误差。安装的时候需要离地面至少 0.3m，最高不得超过 1.8m。

　　（2）准备工具：准备需要的工具和材料，螺丝刀、螺栓、钻孔工具、线等。

　　（3）标记安装位置：使用标尺和铅笔标记出传感器的安装位置的定位线。

　　（4）安装底座：把底座安装在标记的位置上。

　　（5）探头固定后，将电缆线接好，检查连线无误后，固定电缆及壳体上盖。接线时，请按照电路板上的指示标记接线，确认接线正确的情况下，再接通电源。

020103 水管型温度传感器安装

安装位置

允许   禁止

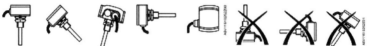

水管型温度传感器示意图

水管型温度传感器施工现场施工图

施工工艺说明

（1）确定安装位置：根据现场需求和实际布局，选择一个合适的安装位置，确保传感器全部的有效长度浸入介质，通常根据应用情况，传感器应按下列要求安装：①用于供水温度控制（热水）：如果水泵安装在供水管上，则传感器直接安装在水泵后面；如果水泵安装在回水管上，则传感器安装在混合阀后的 1.5～2m 处。②回水温度限制：传感器应安装在能准确采集温度的回水管上，传感器应安装在管路弯头处，以便浸入杆或保护套管正对水流方向。获取温度的位置，水必须完全混合。该位置位于泵的下游，或者如果泵安装在回水处，则该位置需距离水流混合处至少 1.5m。

（2）准备工具：准备需要的工具和材料，抹布、信号线等。

（3）清洁水管表面：使用抹布擦拭干净要安装传感器的表面。

（4）钻孔：采用气焊按传感器探针尺寸在水管上开孔。按传感器探针尺寸选择管接，并固定在水管上，校线后打上线标。

（5）固定传感器：将传感器按照说明书上的提示固定在水管表面或内部，通常采用夹紧或螺旋固定的方式。

（6）接线连接：接线连接前需要确认电源系统是否与传感器要求一致，然后根据说明书进行正确的接线连接。

020104 室内湿度传感器安装

　室内湿度传感器示意图　　室内湿度传感器施工现场施工图

施工工艺说明

（1）准备工具：准备需要的工具和材料，螺丝刀、螺钉、线等。

（2）确定安装位置：从风管清洗时预留的人孔进入风管内部，拆除电动风阀叶片和过滤网后，安装位置定位在过滤网和表冷器之间。

（3）标记安装位置：使用标尺和铅笔标记出传感器的安装位置的定位线。

（4）安装：把传感器安装在标记的位置上，且注意传感器的安装规范要做到以下三点：①环境温度不能低于设定温度；避免安装在有意外温度影响的冷、热源附近以及露天墙壁上或者能使感温毛细管超过80℃的环境中。②不可将控制器的感温毛细管压扁，否则会改变出厂时的标定结果，而使动作温度不准。③为确保动作准确可靠，感温毛细管盘绕在冷盘管等防冻设备上的长度应长过20cm。

（5）接线：安装好之后检查接线是否有错漏。

020105 室外温湿度传感器安装

室外温湿度传感器示意图　　室外温湿度传感器施工现场施工图

施工工艺说明

（1）确定安装位置：安装在外部墙面，最好是建筑物的北面或是西北面墙上；如果可能就安装在墙面的中间，距离地面 2.5m。

不要安装在窗户的上方或是下方、门和通风轴的上方、阳台或是屋檐下。防护罩的必须垂直安装（防护罩在顶部）。

（2）准备工具：准备需要的工具和材料，螺丝刀、螺丝、线等。

（3）标记安装位置：使用标尺和铅笔标记出传感器的安装位置的定位线。

（4）通电：将线接好，检查连线无误后，固定电缆及壳体上盖。接线时，请按照电路板上的指示标记接线，确认接线正确的情况下，再接通电源。

（5）安装注意事项：

1）浸入杆上的传感元件易受碰撞和震动的影响，安装时须避免任何碰撞。

2）安装传感器时不能将测量杆朝上安装。安装在外部墙面，最好是建筑物的北面或是西北面墙上；如果可能，可安装在墙面的中间，距离地面 2.5m。

3）不要安装在窗户的上方或是下方、门和通风轴的上方、阳台或是屋檐下。

020106 开关型风阀执行器安装

开关型风阀执行器示意图

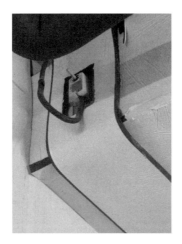

开关型风阀执行器施工现场施工图

施工工艺说明

（1）手动转动阀门，检查无异常情况，并使阀门处于全关位置。

（2）将支架固定在阀门上。

（3）将联轴器的一端套在阀门芯轴上。

（4）用手柄驱动阀门电动执行器（机构）至全关位置（指针正指 SHUT、零开度刻度线外），将输出轴插入联轴器四方孔内。

（5）紧固支架与电动执行机构和阀体间的连接螺栓。

（6）用手柄驱动执行机构全程，确认运行平稳、无偏心、无歪斜，检查阀门在执行机构开度指示范围能否实现全关和全开。

注意：①不要用力过猛，否则会导致执行机构超程运行而造成破坏。②在长期有雨水、原料等飞溅物和阳光直射的环境下，需要安装保护整台电动执行机构的防护装置。

请预留接线、手动操作等安装维修空间。周边环境温度在－30～60℃范围内。

对于自备支架、联轴器的用户，请注意：

（1）支架、联轴器应由专业机构技术人员设计加工并应符合图纸要求。

（2）联轴器两端轴孔的加工应保证必要的精度，尽可能消除传动间隙，以免阀门工作中出现回差。

（3）应该严格保证联轴器两端轴孔的位置度，否则有可能超出执行机构设计的工作范围，导致因执行器行程无法调整而使阀门不能正常工作。

020107 水阀执行器安装

水阀执行器示意图

水阀执行器施工现场施工图

施工工艺说明

（1）执行器出厂时已调节到指定位置，不需要调试即可和阀门连接。

（2）把执行器套在阀门上，将阀芯与执行器连接螺母拧紧。

（3）通过锁紧螺母把执行器和阀门紧固，用扳手拧紧。

（4）用手旋转连杆固定螺栓往反方向拧紧后，用扳手把执行器螺母逆时针方向旋转30°左右。

（5）装备好后按电气接线图正确接线，确定能正常工作。

（6）按照接线图接上电源及信号线，上电后，让控制阀门上下走动一遍，确定阀门没有中途堵转，能紧闭阀体。如果未能关闭阀体，则需要重新调整至关闭成功为止。

020108 风管型二氧化碳探测器安装

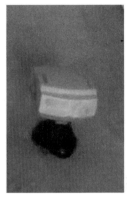

风管型二氧化碳探测器示意图　　风管型二氧化碳探测器
施工现场施工图

施工工艺说明

(1) 确定安装位置：根据现场需求和实际布局，选择一个合适的安装位置，确保达到防护等级，传感器必须配电缆入口向下。①传感器应安装在易于访问的位置。如果与蒸汽加湿器连接使用，与加湿器的距离至少3m。如果安装允许，距离应尽可能大，但不超过10m。②浸没杆中的传感元件容易受到冲击，应避免撞击或震动。③传感器不得安装在建筑物顶部的通风设备上（受影响太阳辐射）。为保证传感器的正常工作，传感器的环境温度必须在$-5\sim45$℃。

(2) 准备工具：准备需要的工具和材料，螺丝刀、螺栓、自攻螺钉、信号线等。

(3) 钻孔：在气体管道开孔将探头风管深入，法兰使用三个螺栓固定在气体管道外壁。

(4) 安装：将传感器插入孔中，固定后拧紧风管固定螺栓。

(5) 接线连接：通电前先检查一下传感器的线是否存在电源信号线接反的情况，然后再通电。

020109 防冻开关安装

防冻开关示意图

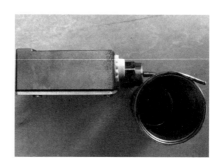

防冻开关施工现场施工图

施工工艺说明

（1）确定安装位置：从风管清洗时预留的人孔进入风管内部，拆除电动风阀叶片和过滤网后安装在过滤网和表冷器之间。

（2）准备工具：准备需要的工具和材料，螺丝刀、螺栓、线等。

（3）标记安装位置：使用标尺和铅笔标记出传感器的安装位置的定位线。

（4）安装：把传感器安装在标记的位置上，且要做到以下三点：①环境温度不能低于设定温度；避免安装在有意外温度影响的冷、热源附近以及露天墙壁上或者能使感温毛细管超过80℃的环境中。②不可将控制器的感温毛细管压扁，否则会改变出厂时的标定结果，而使动作温度不准。③为确保动作准确可靠，感温毛细管盘绕在冷盘管等防冻设备上的长度应长过20cm。

（5）接线：安装好之后检查接线是否有错漏。

020110 液位开关安装

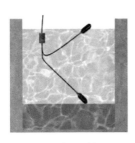

液位开关探测器示意图　　　　液位开关探测器施工现场施工图

施工工艺说明

(1) 熟悉图纸，确定传感器安装位置，校线并打上线标。

(2) 按设备说明书中接线图，进行接线、安装。将电缆线直接拉到控制箱，尽量避免使用中间接头。若不得已而有接头时，绝对不可将电缆线接头浸入液体中。未使用的电线必须绝对的绝缘。

(3) 将浮球开关的电缆线从重锤的中心下凹圆孔处穿入后，轻轻推动重锤使嵌在圆孔上方的塑胶环因电缆头之推力而脱落。轻轻地推动重锤拉出电缆，直到重锤中心扣住塑胶环，重锤只要轻扣在塑胶环上即不会滑落，此塑胶环如有损坏或遗失，可用同径裸铜线扣入电缆代替。根据液位限位高度要求，定位浮球高度。

020111 风管压差开关安装

风管压差开关示意图

风管压差开关施工现场施工图

施工工艺说明

（1）熟悉图纸，空气压差探测器适合安装在风管或墙上。空气导管应安装在设备两侧发生压强变化的地方。采用电动开孔器在空调机组上开孔，按传感器空气导管尺寸选用相应规格的钻孔，校线并打上线标。

（2）按设备说明书中接线图，进行接线。推荐方位是垂直，但原则上任何方位都可以接受。压强连接管道可为任意长度，但如果长度超过 2 m，响应时间将增加。

（3）压差探测器应该安装在压强连接点上方。为防止凝结水聚集，管道应该是连通的，在压强连接处和压差探测器之间应该有一个逐渐倾斜的坡度（无回路）。

安装注意事项

（1）安装位置离地高度不应小于 0.5m。

（2）压差开关引出管的安装不应影响空调器本体的密封性；线路应通过软管与压差开关连接。

（3）应避开蒸汽放空口安装。

（4）空气压差开关内的薄膜应处于垂直平面位置。

020112 VAV box 安装

VAV box 示意图

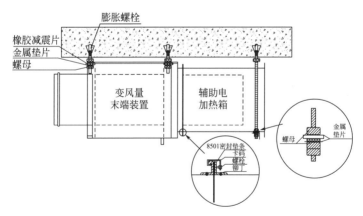

VAV box 施工现场施工图

施工工艺说明

（1）产品存放时不要拆除原包装，并注意防潮、防尘。

（2）搬运、吊装过程中受力点不可以在一次风进风管和控制电气箱处。

（3）根据生产商的安装指导要求并由有经验的技工进行安装。

（4）VAV box 应在 AHU 及主支风管安装完毕后安装。

（5）VAV box 安装前须将 AHU 开启对风管进行吹污，防止垃圾进入 VAV box。

（6）安装时注意管道的送风方向和 VAV box 上标示方向一致。

（7）VAV box 应设单独支吊架，且不得放在进出风管处。

（8）VAV box 的安装位置需根据现场情况使 DDC 控制箱便于接线、检修，封闭吊顶需要设置检修口。

（9）VAV box 进风圆管直管段长度需大于进风管直径的 4 倍以上，且为金属材料，密封无泄漏，外加保温。

（10）外加的保温材料需要避开执行器和风阀的主轴，不影响 VAV box 的运行和维修。

（11）VAV box 箱的送风软管安装，其长度控制在 3m 内，按 1m 间距设置吊架。VAV box 箱供电强电线缆与通信联网线缆应分管布线。

020113 温控面板安装

温控面板示意图　　　温控面板施工现场施工图

施工工艺说明

（1）先断电和所有的电器一样，安装温控器之前需要先断电。一定要在断电的环境下安装温控器。

（2）接线按照温控器底壳上的接线示意图连接温控器与电源和负载之间的引线。

（3）拆开主控板用 3.5mm 宽的一字螺丝刀沿斜面伸到卡槽中 4mm 深处，略用力向上撬起，即可打开卡钩。

（4）将底壳固定在墙上使用 2 个 4mm×25mm 自攻螺钉将温控器底壳固定在墙体的 86 盒上。

（5）安装上壳将面壳扣在底壳上，并将底壳下面的两个卡销向上推，直到将面壳和底壳卡住。在安装过程中还有几点要注意：

1）为保证安全，安装操作必须在断电环境下进行，安装完毕后再通电开机。

2）接线一定要按照接线图正确操作。不可让泥浆、灰尘等杂质混入温控器中，否则将会破坏零件。

3）注意温控器输出控制功率。被控制设备的运行功率必须小于温控器的输出控制功率，否则将损坏温控器。温控器产品都标注有输出控制电压和电流，把输出控制电压和电流相乘，就可以得到输出控制功率。

020114 调节型阀门安装

调节型阀门示意图　　　　　调节型阀门施工现场施工图

施工工艺说明

（1）在安装阀门之前，检查阀和相关设备，看是否有损坏和任何异物。

（2）管线中的砂粒、水垢、金属屑及其他杂物会损坏调节阀的表面，使其关闭不严，因此，在安装调节阀之前，全部安装管线和管件都要吹扫并彻底净化，确保阀内部清洁干净，管线中无异物。

（3）将执行机构垂直放置并位于阀门的上部；流体流向与流向箭头或指导手册所指示的方向一致。

（4）确保在阀门的上面和下面留有足够的空间以便在检查和维护时容易拆卸执行机构或阀芯；对于法兰连接的阀体，确保法兰面准确对准以使垫片表面均匀接触。

（5）在法兰对中后，轻轻地旋紧螺栓，最后以交错形式旋紧这些螺栓；安装于控制阀（调节阀）上游和下游的引压管有助于检查流量或压力降；将引压管接到远离弯头、缩径或扩径的直管段处；用1/4或3/8英寸（6～10mm）的管子把执行机构上的压力接口连接到控制器上。

第二节 • 能源管理系统

020201 通信管理机安装

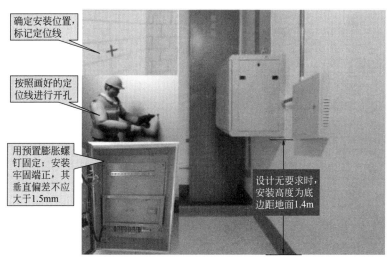

确定安装位置，标记定位线

按照画好的定位线进行开孔

用预置膨胀螺钉固定；安装牢固端正，其垂直偏差不应大于1.5mm

设计无要求时，安装高度为底边距地面1.4m

通信管理机安装示意图

施工工艺说明

（1）通信管理机安装内容包括：箱体安装、通信板模块安装、开关电源安装。

（2）箱体明装壁挂式安装时，其高度有设计要求时按设计要求为准；无设计要求时，安装高度宜为设备箱底边距地面高约1.4m。先确定安装位置，并标记定位线，按照画好的定位线进行开孔；然后用预制膨胀螺钉固定；安装牢固端正、其垂直偏差度应不大于1.5mm；箱体开孔合适，切口整齐，不能产生毛刺。

（3）通信板模块、开关电源安装。开启外箱盖，用固定螺栓将通信板模块、开关电源、空开等元件安装固定到箱内。零线经汇流排连接，无绞接现象；油漆完整，箱内外清洁，箱面标牌正确；箱盖开关灵活；器件、回路编号齐全；端子排接线整齐，多股线线头分开烫锡或用线耳压接后再插入接线端子拧紧螺栓；可开启的箱门用多股软导线与PE线连接，PE线安装明显牢固。

（4）管理机与交换机之间采用TCP/IP，每一网络设备永久链路水平线缆长度不能超过90m，并采用标准水晶头连接。线缆进入箱体预留长度按宽+高计算。

020202 智能水表安装

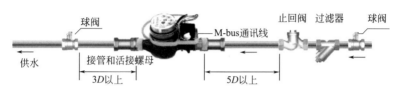

球阀　接管和活接螺母　M-bus通讯线　止回阀　过滤器　球阀

供水

3D以上　　　5D以上

智能水表安装示意图

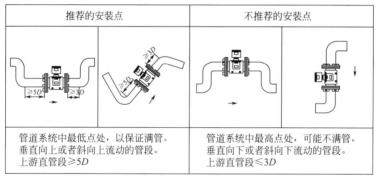

推荐的安装点	不推荐的安装点
管道系统中最低点处，以保证满管。垂直向上或者斜向上流动的管段。上游直管段≥5D	管道系统中最高点处，可能不满管。垂直向下或者斜向下流动的管段。上游直管段≤3D

注：箭头指示方向为流体流动方向。

智能水表安装位置示意图

施工工艺说明

（1）先选择安装智能水表的合适位置，可根据现场环境选择水平安装或垂直安装方式；仪表安装位置宜为进水口距止回阀 5 倍以上管径，出水口距球阀 3 倍以上管径，找到正确的安装口径或对应的活接螺母。

（2）安装的时候记得智能水表的表面面向便于观察位置，在智能水表的外壳上会有一个箭头，在安装时注意水流的方向与这个箭头的方向是一致的。

（3）智能水表的前后都要安装一个阀门，这样可以控制水流，在使用智能水表的时候要将这两个闸门都打开。

（4）将下游的管道安装在高出水表 0.5m 以上的位置。

（5）水表与采集器之间 DC12V 和 A＋、B－通信线必须按标识正确连接（具体的水表接线标识请查看水表说明书进行确认），否则可能导致设备损坏，水表通信线宜采用 RVS2×0.5 双绞线；采集器与水表间的 DC12V 供电线宜采用 RVV2×1.0mm 护套线。

020203 智能电表安装

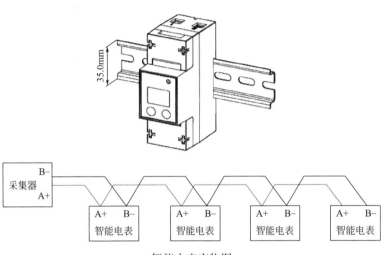

智能水表实物图

智能水表安装示意图

施工工艺说明

（1）安装电能表、采集器、集中器等需有经验的电工或专业人员。

（2）电表全部采用导轨式安装（采用 35mm 标准导轨）。电表采用 RS485 通信，通信线缆宜采用 RVSP2×0.5mm（屏蔽双绞线）通信端口 A＋、B－必须正确连接严禁反接，严禁采用不带双绞的线材料（例如不双绞的屏蔽线、护套线等），通信线采用总线（即手拉手式）的连接方式，通信线总长度最长不超过 400m；电线通信线必须与 AC220 等强电线路分开独立敷设，严禁强弱电敷设在一起，通信线的屏蔽层接线时必须保证连通后接入 AC220 的地线上（屏蔽层严禁剪断后不连通）。

（3）相同一根 485 通信总线，只允许连接相同类型的仪表，严禁不同类型的仪表混接在同一根 RS485 通信总线。

（4）安装接线时应按照仪表端钮盖上的接线图或说明书上相应接线图进行接线；对于直接接入式电能表，接线时应注意接线方向，最好使用多股软铜线引入，再将螺钉拧入并穿透。

（5）铜线绝缘皮层使其与铜线导通，拧紧为止，避免因接触不良而引起电能表工作不正常或烧毁。

020204 空调电能量表安装

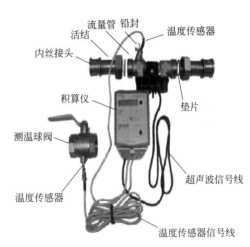

空调电能量表实物及安装示意图

施工工艺说明

(1) 安装表具之前，要用压力适当的洁净水把系统管道内的石子、泥沙、麻丝、焊渣等杂物冲洗干净，然后再装表具即可。

(2) 保证安装仪表上的箭头方向与管道水流方向一致，同时上下游预留一定距离；仪表可水平或垂直管道安装，但严禁在管道至高点上安装；垂直管道安装时，流体必须保证自下而上流动。

020205 能源采集器安装

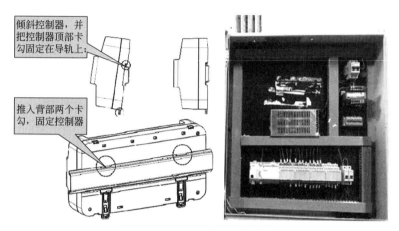

倾斜控制器，并把控制器顶部卡勾固定在导轨上;

推入背部两个卡勾，固定控制器

能源采集器安装示意图及实物图

施工工艺说明

（1）箱体安装与通信管理机箱体安装相同，安装方式详见本节"020201 通信管理机安装"。

（2）采集器安装支持35mm标准导轨式安装，通过固定螺栓将导轨安装到箱体内。控制器底部的两个卡钩，倾斜控制器，并把控制器顶部的卡钩固定在导轨上。

（3）根据产品说明书接线说明，将智能仪表等前端设备与采集器中对应的端子进行线缆端接；接线时注意端口标识，以太网线缆建议使用超五类网线；485总线线缆建议采用18～22AWG屏蔽双绞线。

第三节 • 收费计量系统

1. 管理器

020301 管理器安装

能源采集器安装示意图

能源采集器实物图

施工工艺说明

（1）管理器安装于标准 19 英寸机柜。

（2）管理器上提供 2 处前挂耳安装位置，上机柜前先挂耳安装在设备端口侧。将浮动螺母安装到管理器安装位的立柱方孔上。螺钉和配套的浮动螺母拧紧，将前挂耳固定在机柜的前方孔条上。

（3）管理机与交换机之间采用 TCP/IP，每一网络设备直接的网线长度不能超过 100m，并采用标准水晶头连接。

020302 积算仪安装

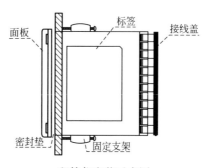

积算仪安装示意图

积算仪实物图

施工工艺说明

（1）安装之前需开好对应安装孔尺寸。

（2）将产品放到安装面板预留的嵌入式孔中。

（3）设备两侧各有两个方孔，安装时用卡扣扣住一端方孔，卡扣的螺栓头顶住机柜，拧紧螺栓，其他三处一样，即完成安装。

2. 能量表

020303 流量计安装

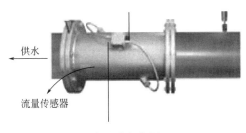

供水

流量传感器

流量计实物图

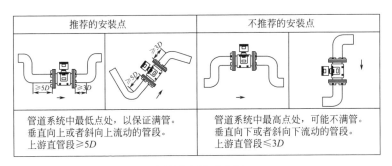

推荐的安装点		不推荐的安装点	
$\geqslant 5D$　$\geqslant 3D$	$\geqslant 3D$　$\geqslant 5D$		
管道系统中最低点处，以保证满管。垂直向上或者斜向上流动的管段。上游直管段$\geqslant 5D$		管道系统中最高点处，可能不满管。垂直向下或者斜向下流动的管段。上游直管段$\leqslant 3D$	

流量计安装示意图

施工工艺说明

（1）选择安装智能水表的合适位置，找到正确的安装口径。

（2）安装的时候记得是水平安装的。直管段要求上游不小于 $5D$（D 为管段外径），下游不小于 $3D$，距泵出口不小于 $20D$，智能水表的表面是向上的，在智能水表的外壳上会有一个箭头，在安装时注意水流的方向与这个箭头的方向是一致的。

（3）智能水表的前后都要安装一个阀门，这样可以控制水流，在使用智能水表的时候要将这两个闸门都打开。

（4）将下游的管道安装在高出水表 0.5m 以上的位置。

（5）流量计信号线选用 RVVP2×0.5mm² 的线材，长度不超过 20m，注意屏蔽网必须接入大地。严禁与强电（AC220V）同管敷设。

（6）流量计的 220V 电源线与电流输出信号线须采用 U 形布线。

020304 电磁流量计安装

电磁流量计实物图

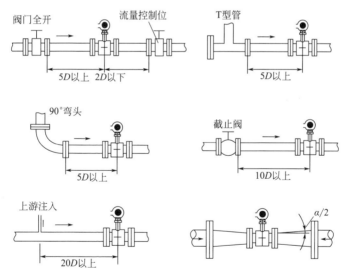

在上游有化学物质注入的情况下，极易导致电导率的不均匀性，流量计应远离注入口。

流量管上下游采用异径管时，异径管中心锥角α应小于15°。

电磁流量计安装位置要求示意图

施工工艺说明

（1）安装表具之前，要用压力适当的洁净水把系统管道内的石子、泥沙、麻丝、焊渣等杂物冲洗干净。要选择无强电磁场辐射的场所安装流量计，避开例如电动机、变压器、变频器等一些容易引致电磁干扰的设备。由于电磁式流量计的感应信号很弱，易受干扰影响。因此，传感器、转换器的基准电位必须与被测液体相同，共同接地。电磁式流量计两侧安装接地环或接地电极的作用就是建立流量计壳体和液体的等电位。然后再装表具即可。

（2）能量表的温度传感器应区分安装在进水、回水管道，用来测量进回口水温度。

（3）流量计的 AC220V 电源线和 4～20mA 信号线必须独立布线布管，严禁把 2 根线同管敷设造成干扰，同时为了避免 4～20mA 信号衰减必须保证信号线长不能超过 20m。流量计的 220V 电源线与电流输出信号线须采用 U 形布线。

（4）在水平管上安装时，应避免沉积物和气泡对测量电极的影响，电极轴向保持水平位置。流量计检修空间预留，为了保证以后流量计能够正常进行维护和检修，安装时必须保证流量计具有足够的检修位置和空间，顶部至少预留 30cm 距离。

第三章 公共安防系统

第一节 ● 视频安防监控系统

1. 枪型摄像机

030101 枪型摄像机壁装

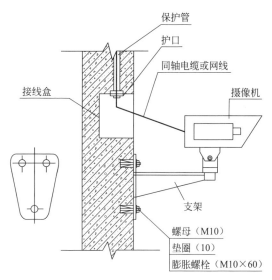

保护管
护口
同轴电缆或网线
摄像机
接线盒
支架
螺母（M10）
垫圈（10）
膨胀螺栓（M10×60）

枪型摄像机壁装示意图

枪型摄像机壁装施工现场图

施工工艺说明

(1) 首先装镜头。

(2) 准备一个适合的摄像机支架，通常是用带有螺栓固定孔的金属支架，将支架用螺栓固定在墙壁上。

(3) 连接电源和信号：将摄像机的电源线和信号线连接（一般为1根电源线及1根视频网线，当使用POE供电时，仅需连接视频网线即可），并做好绝缘。

(4) 固定摄像机：将摄像机安装在支架上，根据支架的设计和摄像机型号，通过螺栓或其他固定方式将摄像机牢固地固定在支架上。

(5) 调整角度：调整摄像机的角度和方向，使其能够监控到所需范围内的图像。枪型摄像机通常可以左右旋转和上下调节，根据需要进行调整。

(6) 测试摄像机：在安装完毕后，进行摄像机的测试。确保图像质量正常，角度和范围符合要求，摄像机正常工作。

030102 枪型摄像机吊装

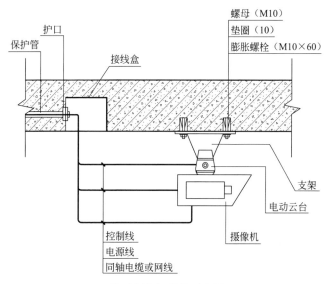

枪型摄像机吊装示意图

枪型摄像机吊装施工现场图

施工工艺说明

枪型摄像机的吊装安装与壁挂安装类似，只是安装的方式略有不同。以下是一般的枪型摄像机吊装安装步骤：

（1）首先装镜头。

（2）安装吊装支架：准备一个适合的摄像机吊装支架，通常是一个带有吊环的支架。将支架的吊环连接到吊钩或支撑结构上。

（3）连接电源和信号：将摄像机的电源线和信号线连接（一般为1根电源线及1根视频网线，当使用POE供电时，仅需连接视频网线即可），并做好绝缘。

（4）固定摄像机：将摄像机安装在吊装支架上，通常是通过螺栓或其他固定方式将摄像机牢固地固定在支架上。

（5）调整角度：调整摄像机的角度和方向，使其能够监控到所需范围内的图像。枪型摄像机通常可以左右旋转和上下调节，根据需要进行调整。

（6）测试摄像机：在安装完毕后，进行摄像机的测试。确保图像质量正常，角度和范围符合要求，摄像机能够正常工作。

030103 枪型摄像机室外立杆安装

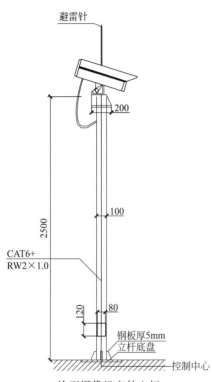

枪型摄像机室外立杆
安装示意图

枪型摄像机室外立杆
安装施工现场图

施工工艺说明

室外枪式摄像机的安装与室内安装步骤相同，但护罩选用室外防水型护罩并加装前端防雷装置。以下是一般的枪型摄像机室外立杆安装步骤：

（1）选择适合的立杆：选择一个适合的室外立杆，确保其高度和稳定性满足要求。立杆可以是金属材质，如不锈钢或铝合金。在每根立杆顶端加装避雷针一根，用于防范直击雷。

（2）安装立杆底座：安装立杆底座，将其固定在地面上。底座通常由地笼及水泥或混凝土固定在地面上，确保牢固稳定。

（3）将立杆连接到底座：将立杆的底部插入立杆底座中，并使用螺栓或其他紧固件将其安装到底座上。立杆的中心线安装时必须与水平面垂直。

（4）安装摄像机支架：准备一个适合的摄像机支架，通过抱箍或立杆自带的基座固定在立杆上。将支架安装在立杆上，确定好安装位置，并将其固定在立杆上。

（5）连接电源和信号线：将摄像机的电源线和信号线连接（一般为1根电源线及1根光缆＋光纤收发器＋视频网线）。枪型摄像机安装视频网线、电源线防雷器，要求接地地阻应做到小于4Ω以下。

（6）固定摄像机：将摄像机安装在支架上，根据支架的设计和摄像机的型号，通过螺栓或其他固定方式将摄像机牢固地固定在支架上。

（7）前端设备接地：摄像机安装在立杆上，如现场土壤情况较好（石沙等不导电物质较少）的情况下，利用立杆直接接地，把摄像机与防雷器的地线直接焊接在立杆上。反之，如果现场土壤情况恶劣（石沙等不导电物质较多），则要借用导电设备，利用扁钢与角钢等。

（8）调整摄像机角度：调整摄像机的角度和方向，使其能够拍摄到设计所需监控的区域。摄像机通常可以左右旋转和上下调节，根据需要进行调整。

（9）测试摄像机：安装完成后，进行摄像机的测试。确保图像质量正常，角度和范围符合要求，以及摄像机是否正常工作。

2. 半球型摄像机

030104 半球型摄像机壁装

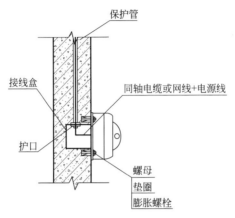

保护管

接线盒

同轴电缆或网线+电源线

护口

螺母

垫圈

膨胀螺栓

半球型摄像机壁装安装示意图

半球型摄像机实物图

施工工艺说明

（1）选择安装位置：首先，根据实际监控需求，选择一个适合的安装位置。考虑到监控范围、角度和遮挡物等因素，确定一个合适的位置。

（2）准备壁挂支架：准备一个适用于半球摄像机的壁挂支架。支架通常会附带螺栓孔和其他安装配件。

（3）固定支架：将壁挂支架固定在墙壁上，使用螺栓或其他固定件将支架安装在选定的位置上，确保支架稳固且垂直。

（4）连接电源和信号线：将摄像机的电源线和信号线连接好（一般为1根电源线及1根视频网线，当使用POE供电时，仅需连接视频网线即可）。确保线缆没有杂乱，并使其安全可靠地穿过支架。

（5）安装半球摄像机：将半球摄像机安装在壁挂支架上。根据支架设计，将摄像机的底部或底座与支架连接在一起。

（6）调整角度：调整摄像机的角度和方向，使其能够监控到所需范围内的图像。半球摄像机通常可以旋转和倾斜，根据需要进行调整。

（7）测试摄像机：安装完毕后，进行摄像机的测试。确保摄像机能够正常工作，并能够拍摄清晰的图像。

030105 半球型摄像机吸顶安装

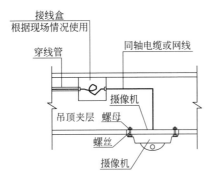

半球型摄像机吸顶安装示意图

半球型摄像机吸顶安装现场图

施工工艺说明

半球型摄像机的吸顶安装与壁挂安装类似，只是安装的方式略有不同。以下是一般的半球型摄像机吊装安装步骤：

（1）选择安装位置：首先，根据现场实际监控需求，选择一个适合的吸顶安装位置。考虑到监控范围、角度和遮挡物等因素，确定一个合适的位置。

（2）确定安装孔位：根据摄像机的底座设计，确定安装孔位，标记好吸顶孔位置，确保孔位与摄像机底座的对齐。

（3）准备安装孔位：使用电钻和相应的钻头，在标记的吸顶孔位上进行预先钻孔，确保钻孔的深度和直径适合实际使用的吸顶支架和安装螺栓。

（4）安装吸顶支架：将吸顶支架固定在预先钻好的孔位上，使用螺栓或其他固定件将支架安装到孔位上，并紧固以确保稳固。

（5）连接电源和信号线：将摄像机的电源线和信号线连接好（一般为1根电源线及1根视频网线，当使用POE供电时，仅需连接视频网线即可）。确保线缆没有杂乱，并使其通过支架或顶棚与摄像机连接。

（6）安装半球摄像机：将摄像机底座插入吸顶支架中，旋转或按下将其固定在支架上。确保摄像机底座牢固地安装在吸顶支架上。

（7）调整角度：调整摄像机的角度和方向，使其能够监控到所需范围内的图像。半球摄像机通常可以旋转和倾斜，根据需要进行调整。

（8）测试摄像机：完成吸顶安装后，进行摄像机的测试。确保摄像机能够正常工作，并能够拍摄清晰的图像。

030106 半球型摄像机楼板上安装

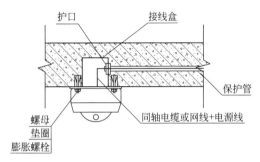

护口　　　　接线盒

保护管

螺母
垫圈　　　　同轴电缆或网线+电源线
膨胀螺栓

半球型摄像机楼板上安装示意图

半球型摄像机实物图

施工工艺说明

　　半球型摄像机的楼板上安装与吸顶安装基本相同。

　　（1）选择安装位置：首先，根据现场实际监控需求，选择一个适合的板面安装位置。考虑到监控范围、角度和遮挡物等因素，确定一个合适的位置。

　　（2）确定安装孔位：根据摄像机的底座设计，确定安装孔位。标记好板面孔位置，确保孔位与摄像机底座的对齐。

　　（3）准备安装孔位：使用电钻和相应的钻头，在标记的板面孔位上进行预先钻孔。确保钻孔的深度和直径适合实际使用的半球支架和安装螺栓。

　　（4）安装吸顶支架：将支架固定在预先钻好的孔位上。使用螺栓或其他固定件将支架安装到孔位上，并紧固以确保稳固。

　　（5）连接电源和信号线：将摄像机的电源线和信号线连接好（一般为1根电源线及1根视频网线，当使用POE供电时，仅需连接视频网线即可）。确保线缆没有杂乱，并使其通过支架或顶棚与摄像机连接。

　　（6）安装半球摄像机：将摄像机底座插入支架中，旋转或按下将其固定在支架上，确保摄像机底座牢固地安装在支架上。

　　（7）调整角度：调整摄像机的角度和方向，使其能够监控到所需范围内的图像。半球摄像机通常可以旋转和倾斜，根据需要进行调整。

　　（8）测试摄像机：完成吸顶安装后，进行摄像机的测试，确保摄像机能够正常工作，并能够拍摄清晰的图像。

3. 一体化球型摄像机

030107 一体化球型摄像机壁装

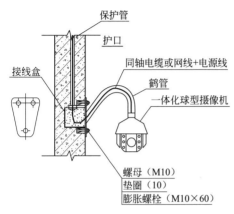

一体化球型摄像机壁装安装示意图

一体化球型摄像机壁装现场图

施工工艺说明

（1）决定线缆走线方式。若选择隐藏摄像机线缆，请先在即将安装的墙壁位置开口，使线缆能隐藏于壁中。

（2）以海绵球堵住迷你壁装支架尾端的开口，或是拆卸壁装支架挡板，再将海绵球塞入管内固定。

（3）将摄像机电缆穿过管内，并将迷你壁装支架固定于墙上。

（4）将摄像机电缆穿过室内快球弯管接头，再将弯管接头紧固于迷你壁装支架上。

（5）将电缆接头插入快球摄像机底座的对应接口，随后将摄像机固定于弯管接头上即可。

030108 一体化球型摄像机吊装

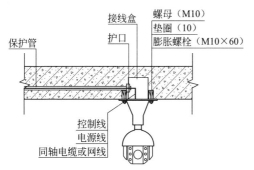

一体化球型摄像机吊装安装示意图

一体化球型摄像机吊装现场图

施工工艺说明

（1）决定线缆走线方式。若选择隐藏摄像机线缆，请先在即将安装的顶板位置开口，使线缆能隐藏于壁中。

（2）将标准型顶板支架紧固于墙顶上。

（3）将快球摄像机线缆自迷你壁装支架或鹅管尾端开口拉出，并使其通过（室内）快球直管接头。

（4）固定（室内）快球接口。

（5）将电缆接头插入摄像机底座的对应接口。若使用室内型快球摄像机，再将快球摄像机固定于弯管接头上，以完成安装。

030109 一体化球型摄像机室外立杆安装

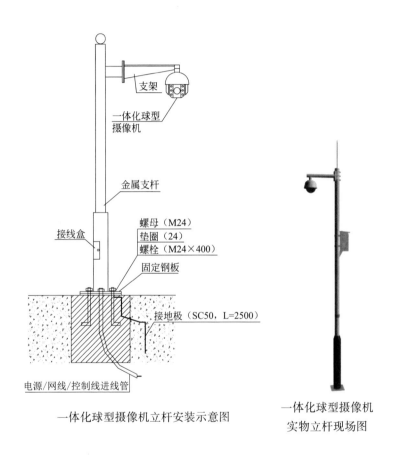

支架
一体化球型摄像机
金属支杆
接线盒
螺母（M24）
垫圈（24）
螺栓（M24×400）
固定钢板
接地极（SC50，L=2500）
电源/网线/控制线进线管

一体化球型摄像机立杆安装示意图

一体化球型摄像机
实物立杆现场图

施工工艺说明

室外一体化摄像机的安装与室内安装步骤相同，但护罩选用室外防水型护罩并加装前端防雷装置。以下是一般的一体化球型摄像机室外立杆安装步骤：

（1）选择适合的立杆：选择一个适合的室外立杆，确保其高度和稳定性满足要求。立杆可以是金属材质，如不锈钢或铝合金。在每根立杆顶端加装避雷针一根，用于防范直击雷。

（2）安装立杆底座：安装立杆底座，将其固定在地面上。底座通常由地笼及水泥或混凝土固定在地面上，确保牢固稳定。

（3）将立杆连接到底座：将立杆的底部插入立杆底座中，并使用螺栓或其他紧固件将其安装到底座上。立杆的中心线安装时必须与水平面垂直。

（4）安装摄像机支架：准备一个适合的摄像机支架，通过抱箍或立杆自带的基座固定在立杆上。将支架安装在立杆上，确定好安装位置，并将其固定在立杆上。

（5）连接电源和信号线：将摄像机的电源线和信号线连接（一般为1根电源线及1根光缆＋光纤收发器＋视频网线）。摄像机安装视频网线、电源线防雷器，要求接地地阻应做到小于4Ω以下。

（6）固定摄像机：将摄像机安装在支架上，根据支架的设计和摄像机的型号，通过螺栓或其他固定方式将摄像机牢固地固定在支架上。

（7）前端设备接地：摄像机安装在立杆上，如现场土壤情况较好（石沙等不导电物质较少）的情况下，利用立杆直接接地，把摄像机与防雷器的地线直接焊接在立杆上。反之，如果现场土壤情况恶劣（石沙等不导电物质较多），则要借用导电设备，利用扁钢与角钢等。

（8）测试摄像机：安装完成后，进行摄像机的测试。确保图像质量正常，角度和范围符合要求，以及摄像机是否正常工作。

4. 电梯轿厢摄像机

030110 电梯轿厢摄像机吸顶安装

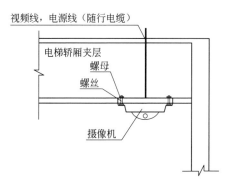

视频线，电源线（随行电缆）

电梯轿厢夹层

螺母

螺丝

摄像机

电梯轿厢摄像机吸顶安装示意图

电梯轿厢摄像机现场图

施工工艺说明

（1）选择合适的摄像机：选择一款适合电梯轿厢吸顶安装的摄像机，通常选择吸顶安装的摄像机要小巧、轻便，并具备良好的图像质量和适应不同光线环境的能力。

（2）确定安装位置：在电梯轿厢的顶棚上确定一个合适的安装位置。考虑到监控范围、遮挡物等因素选择最佳安装位置。

（3）安装吸顶支架：根据摄像机和吸顶支架的设计，将吸顶支架安装到电梯轿厢顶棚上，使用螺栓固定支架，确保稳固。

（4）连接电源和信号线：将摄像机的电源线和信号线通过顶棚连接到摄像机位置。线缆布线要整齐，避免缠绕和杂乱。

（5）安装摄像机：将摄像机固定在吸顶支架上，根据支架和摄像机的设计，使用螺栓或其他固定方式将摄像机牢固地安装在支架上。

（6）调整摄像机角度：根据需要，调整摄像机的角度和方向，使其能够监控到所需范围内的图像。

（7）测试摄像机：在安装完成后，进行摄像机的测试，确保摄像机能够正常工作，并能够拍摄清晰的图像。

030111 电梯轿厢摄像机嵌入式安装

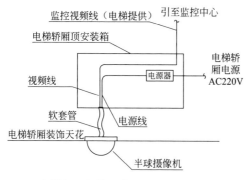

监控视频线（电梯提供）引至监控中心
电梯轿厢顶安装箱
视频线
电源器
电梯轿厢电源AC220V
软套管
电源线
电梯轿厢装饰天花
半球摄像机

电梯轿厢摄像机嵌入式安装示意图

电梯轿厢摄像机现场图

施工工艺说明

（1）选择合适的嵌入式摄像机：选择适合电梯轿厢嵌入式安装的摄像机，通常是小型、紧凑且易于隐藏的摄像机。

（2）确定安装位置：在电梯轿厢中选择一个合适的安装位置，通常可以是顶棚、角落或壁饰等。

（3）准备嵌入安装孔位：根据摄像机的尺寸和形状，在选择的安装位置上准备一个合适大小的安装孔位。注意遵循电梯制造商或相关指导的建议。

（4）安装嵌入式摄像机：将嵌入式摄像机小心地安装到预先准备的孔位中。摄像机一般具有螺栓、卡扣或其他固定方式，根据型号和设计进行安装固定。

（5）连接电源和信号线：将摄像机的电源线和信号线连接好。确保线缆不被绊倒或损坏，并按照电梯厂商或相关指导进行线路布置。

（6）调整摄像机角度：根据需要，调整摄像机的角度和方向，使其能够监控到所需范围内的图像。

（7）测试摄像机：在完成安装后，进行摄像机的测试，确保图像质量正常且系统功能正常。

第二节 • 入侵报警系统

1. 探测器

030201 红外探测器吸顶安装

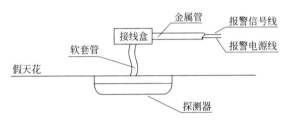

红外探测器吸顶安装示意图

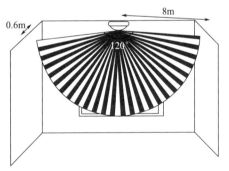

红外探测器吸顶安装探测范围示意图

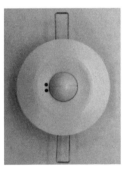

红外探测器实物图

施工工艺说明

（1）选择安装位置：首先，在需要安装红外入侵探测器的区域，选择一个合适的安装位置。建议安装高度为 2.5～6m。

（2）准备安装孔位：在选定的安装位置上，使用电钻和相应的钻头预先钻孔。确保孔位深度与红外入侵探测器的吸顶支架安装要求一致。

（3）安装吸顶支架：将红外入侵探测器的吸顶支架安装到预先钻好的孔位中，并通过螺栓或其他紧固件将其固定在顶棚上，确保吸顶支架稳固。

（4）连接电源和信号线：根据安装要求，将红外入侵探测器的电源线和信号线连接好。通常需将线缆通过支架走向顶棚下方，隐蔽线缆并进行合理的布线。

（5）安装红外入侵探测器：将红外入侵探测器安装在吸顶支架上，并将其固定在位置上，确保稳固牢固。

（6）调整灵敏度和角度：根据实际需求，调整红外入侵探测器的灵敏度和监测范围。根据布置情况和室内环境，调整探测器的角度和方向。

（7）测试探测器：在完成安装后，进行红外入侵探测器的测试，确保它能够正常工作并检测到入侵事件。

030202 红外探测器壁装

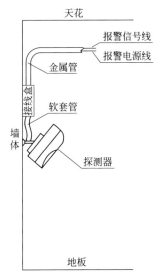

红外探测器壁装示意图

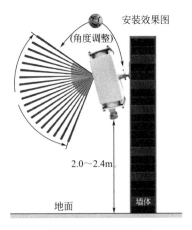

红外探测器壁装现场图

施工工艺说明

（1）选择安装位置：在需要进行监测的区域，选择一个合适的位置进行安装。通常在墙壁上选择离地面约 $2\sim2.4m$ 的位置。

（2）标记安装孔位：使用水平仪或测量工具，标记壁挂支架的安装孔位。根据红外入侵探测器的支架设计和尺寸，确保孔位位置准确。

（3）准备安装孔位：使用电钻和相应的钻头，在标记好的孔位置上预先钻孔，确保孔位的深度和直径适合实际使用的安装螺栓。

（4）安装壁挂支架：将壁挂支架固定在墙壁上，使用螺栓或其他固定件将支架安装到孔位上，并紧固以确保稳固。

（5）连接电源和信号线：根据安装要求，将红外入侵探测器的电源线和信号线连接好。线缆布线要整齐，避免缠绕和杂乱。

（6）安装红外入侵探测器：将红外入侵探测器安装在壁挂支架上，根据支架和探测器的设计，使用螺栓或其他固定方式将其固定在支架上。

（7）调整探测角度：根据实际需求，调整红外入侵探测器的探测角度和方向，确保它能够监测到需要监测的区域。

（8）测试探测器：在完成安装后，进行红外入侵探测器的测试，确保它能够正常工作并检测到入侵事件。

030203 双鉴探测器吸顶安装

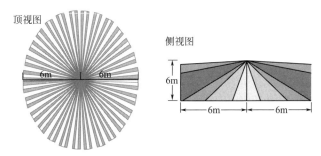

双鉴探测器吸顶安装探测范围示意图

双鉴探测器实物图

施工工艺说明

(1) 选择安装位置：首先，在需要进行监测的区域，选择一个合适的位置进行安装。通常在顶棚上选择离地面约 2.4～4.8m 的位置。

(2) 准备安装孔位：使用水平仪或测量工具，标记双鉴探测器的安装孔位。根据吸顶支架的设计和尺寸，确保孔位位置准确。

(3) 准备安装孔位：使用电钻和相应的钻头，在标记好的孔位置上预先钻孔，确保孔位的深度和直径适合实际使用的安装螺栓。

(4) 安装吸顶支架：将双鉴探测器的吸顶支架固定在天花板上，使用螺栓或其他固定件将支架安装到孔位上，并紧固以确保稳固。

(5) 连接电源和信号线：根据安装要求，将双鉴探测器的电源线和信号线连接好。线缆布线要整齐，避免缠绕和杂乱。

(6) 安装双鉴探测器：将双鉴探测器的底座部分插入吸顶支架中，并固定在支架上。根据支架的设计和探测器的型号，使用螺栓或其他固定方式将其固定在支架上。

(7) 调整探测角度：根据实际需求，调整双鉴探测器的探测角度和方向，确保它能够监测到需要监测的区域。

(8) 测试探测器：在完成安装后，进行双鉴探测器的测试，确保它能够正常工作并检测到目标。

030204 双鉴探测器壁装

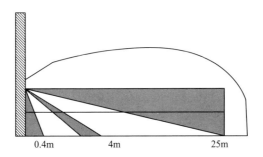

双鉴探测器壁装探测范围示意图

0.4m　　　4m　　　25m

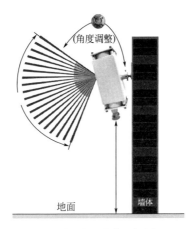

双鉴探测器壁装现场图

施工工艺说明

(1) 选择安装位置：首先，在需要进行监测的区域，选择一个合适的位置进行安装。通常在墙壁上选择离地面约2.4～4.8m的位置。

(2) 准备安装孔位：使用水平仪或测量工具，标记双鉴探测器的安装孔位。根据壁挂支架的设计和尺寸，确保孔位位置准确。

(3) 准备安装孔位：使用电钻和相应的钻头，在标记好的孔位置上预先钻孔，确保孔位的深度和直径适合实际使用的安装螺栓。

(4) 安装壁挂支架：将双鉴探测器的壁挂支架固定在墙壁上，使用螺栓或其他固定件将支架安装到孔位上，并紧固以确保稳固。

(5) 连接电源和信号线：根据安装要求，将双鉴探测器的电源线和信号线连接好。线缆布线要整齐，避免缠绕和杂乱。

(6) 安装双鉴探测器：将双鉴探测器的底座部分插入壁挂支架中，并固定在支架上。根据支架的设计和探测器的型号，使用螺栓或其他固定方式将其固定在支架上。

(7) 调整探测角度：根据实际需求，调整双鉴探测器的探测角度和方向，确保它能够监测到需要监测的区域。

(8) 测试探测器：在完成安装后，进行双鉴探测器的测试，确保它能够正常工作并检测到目标。

030205 三鉴探测器吸顶安装

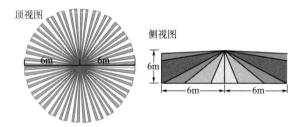

三鉴探测器吸顶安装探测范围示意图

三鉴探测器实物图

施工工艺说明

三鉴探测器吸顶安装与红外探测器吸顶安装基本相同。

030206 玻璃破碎探测器安装

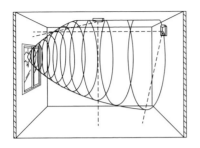

玻璃破碎探测器安装示意图

玻璃破碎探测器实物图

施工工艺说明

（1）确定安装位置：首先，确定需要安装玻璃破碎探测器的玻璃表面。通常，安装位置应选择在玻璃窗户或玻璃门上。

（2）准备安装器材：准备好需要的玻璃破碎探测器和安装附件，如安装底座、螺栓和螺母等。

（3）清洁安装位置：使用清洁剂和干净的布，清洁玻璃表面，确保无尘和无污迹。

（4）安装底座：在清洁过的玻璃表面上，固定玻璃破碎探测器的安装底座。使用适当的安装附件，如螺栓和螺母，固定底座，确保底座牢固并与玻璃表面紧密贴合。

（5）连接导线：将导线连接到底座上的电源接头和信号接头。根据具体型号和设计，可能需要连接外部电源或接收器等设备。

（6）测试探测器：在完成安装后，进行玻璃破碎探测器的测试。可以使用特制的测试工具或者通过类似于玻璃破碎声的方式测试其是否正常工作。

030207 幕帘式红外探测器安装

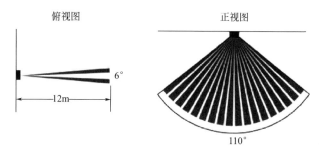

幕帘式红外探测器探测范围示意图

幕帘式红外探测器安装示意图

施工工艺说明

（1）确定安装位置：首先，确定需要安装幕帘式红外探测器的区域。考虑到监测范围和遮挡物等因素，选择合适的位置，一般安装在两侧的墙壁或固定支架上。

（2）准备安装附件：根据具体型号和要求，准备好所需的安装附件，如支架、螺栓和螺栓等。

（3）安装固定支架：如果需要，安装固定支架，并通过螺栓或螺栓将其固定在安装位置上。

（4）调整幕帘角度：根据需要，调整幕帘式红外探测器的幕帘角度和高度，以确保其能够覆盖所需的探测区域。

（5）连接电源和信号线：将幕帘式红外探测器的电源线和信号线连接好，根据具体安装要求连接电源电缆和报警信号线。

（6）固定幕帘式红外探测器：将幕帘式红外探测器固定在已安装的支架上，根据具体形式，通常通过螺栓或螺钉将其固定在支架上。

（7）测试红外探测器：在安装完成后，进行幕帘式红外探测器的测试。通过走动或其他方法检查其是否能够正常工作并检测到目标。

2. 报警按钮

030208 报警按钮壁装

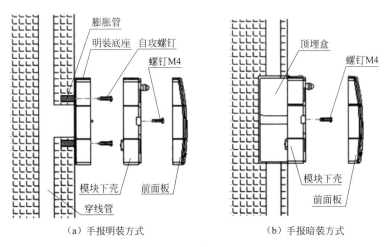

（a）手报明装方式　　　　　　（b）手报暗装方式

报警按钮安装示意图

报警按钮施工现场图

施工工艺说明

（1）选择安装位置：首先，确定报警按钮的安装位置。选择一个方便使用、易于注意且距离易到达的位置，例如房间的入口处或易于被人注意到的位置。

（2）准备安装孔位：在选定的安装位置上，使用水平仪和卷尺测量和标记孔位的位置，确保孔位的水平和垂直。

（3）准备安装孔位：使用电钻和相应的钻头，在标记好的孔位置上预先钻孔，确保孔位的深度和直径适合实际使用的安装螺栓。

（4）连接电线输送装置：将报警按钮的电线输送装置（如安装盒）连接到电源线和报警接收器，通过正确的接线方式连接。

（5）安装报警按钮：拧下报警按钮面盖固定螺钉，拆开报警按钮，将按钮及拆下的螺钉放入包装盒妥善保管；将报警按钮底盒固定在预留盒上即可；将适宜的塑料胀管塞入，使塑料胀管入钉孔与墙面平齐；将安装盒牢固固定。

（6）测试报警按钮：在完成安装后，进行报警按钮的测试。按下按钮，确保它可以正常触发并发送报警信号。

030209 报警按钮家具上安装

报警按钮家具上安装示意图

施工工艺说明

（1）选择安装位置：首先，确定报警按钮在家具上的安装位置。选择一个方便触达并不易被意外触发的位置，比如家具的侧面、角落或其他易于到达的位置。

（2）准备安装附件：根据具体的家具和报警按钮的要求，准备好所需的安装附件，例如螺栓、支架或胶水等。

（3）定位安装孔位：使用尺子或卷尺测量和标记报警按钮安装孔位的位置；确保孔位位置准确，并根据报警按钮的尺寸和形状调整标记位置。

（4）安装支架或固定方式：根据家具的材质和形式，选择合适的安装支架或固定方式，将支架或胶水等附件固定在家具上。

（5）安装报警按钮：将报警按钮放置在安装支架或固定方式上，并通过旋转、卡榫或其他固定方式将其固定在家具上。

（6）测试报警按钮：在安装后，测试报警按钮的功能是否正常，按下按钮并观察是否能够触发报警。

第三节 • 门禁系统

1. 读卡器

030301 刷卡读卡器安装

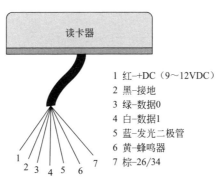

1 红—+DC（9～12VDC）
2 黑—接地
3 绿—数据0
4 白—数据1
5 蓝—发光二极管
6 黄—蜂鸣器
7 棕—26/34

读卡器接线示意图

读卡器实物图

施工工艺说明

（1）选择安装位置：首先，选择一个合适的安装位置，通常位于进出门的侧面或墙壁上。确保安装位置与门禁系统的其他组件（如控制器）之间的连接方便。

（2）准备安装器材：准备门禁读卡器和所需的安装附件，例如电源适配器、电缆、连接头等。

（3）确定安装高度：根据实际需要和使用习惯，确定门禁读卡器的安装高度。常见的安装高度是将读卡器的中心线设置在人们站立高度的范围内，通常是 1.2～1.5m。

（4）安装读卡器底盒：安装读卡器的底盒，将其固定在所选安装位置上，使用螺栓或其他固定方式确保底盒稳固牢固。

（5）连接电源和信号线：将读卡器的电源线和信号线连接好。根据门禁系统的要求，接通电源并连接读卡器与控制器或主机的信号线。

030302 带键盘读卡器安装

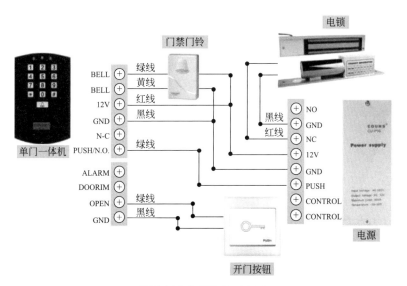

带键盘读卡器接线示意图

带键盘读卡器实物图

施工工艺说明

（1）选择安装位置：首先，选择一个合适的安装位置，通常位于进出门的侧面或墙壁上。确保安装位置与门禁系统的其他组件（如控制器）之间的连接方便。

（2）准备安装器材：准备门禁带键盘读卡器和所需的安装附件，如电源适配器、电缆、连接头等。

（3）确定安装高度：根据实际需要和使用习惯，确定门禁读卡器的安装高度。常见的安装高度是将读卡器的中心线设置在人们站立高度的范围内，通常是 1.2~1.5m。

（4）安装支架或底座：将支架或底座固定在所选的安装位置上，使用螺栓或其他固定方式将其安装在墙壁上，并确保稳固。

（5）连接电源和信号线：将门禁带键盘读卡器的电源线和信号线连接好。根据具体的门禁系统要求连接电源电缆和读卡器与控制器等设备的信号线。

（6）安装键盘读卡器：将门禁带键盘读卡器插入支架或底座，并通过旋转或其他固定方式将其固定到位。

030303 指纹读卡器安装

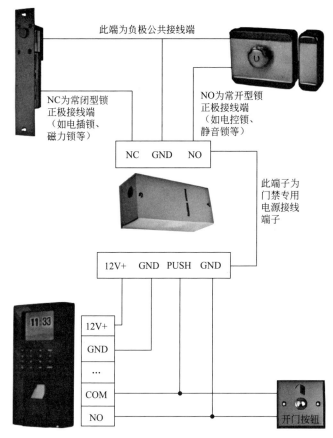

此端为负极公共接线端

NC为常闭型锁
正极接线端
（如电插锁、
磁力锁等）

NO为常开型锁
正极接线端
（如电控锁、
静音锁等）

NC   GND   NO

此端子为
门禁专用
电源接线
端子

12V+   GND   PUSH   GND

12V+

GND

...

COM

NO

开门按钮

指纹读卡器接线示意图

指纹读卡器实物图

施工工艺说明

（1）选择安装位置：首先，选择一个合适的安装位置，通常位于进出门的侧面或墙壁上，确保安装位置与门禁系统的其他组件（如控制器）之间的连接方便。

（2）准备安装器材：准备门禁指纹读卡器和所需的安装附件，如电源适配器、电缆、连接头等。

（3）确定安装高度：根据实际需要和使用习惯，确定门禁读卡器的安装高度。常见的安装高度是将读卡器的中心线设置在人们站立高度的范围内，通常是1.2~1.5m。

（4）准备安装孔位：在选定的安装位置上，使用水平仪和卷尺测量和标记孔位的位置。根据指纹读卡器的尺寸和形状，调整标记位置。

（5）安装支架：根据安装需求，固定指纹读卡器的支架到预先准备的孔位上，确保支架稳固且与墙壁贴合。

（6）连接电源和信号线：将指纹读卡器的电源线和信号线连接好。根据具体安装需求和门禁系统的要求连接电源线和读卡器与控制器的信号线。

（7）安装指纹读卡器：将指纹读卡器放置在已安装的支架上，并固定在位。

030304 指纹键盘读卡器安装

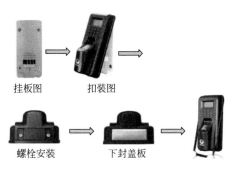

挂板图 扣装图

螺栓安装 下封盖板

指纹键盘读卡器安装示意图

指纹键盘读卡器实物图

施工工艺说明

(1) 首先,确定门禁指纹键盘读卡器的安装位置。一般来说,应选择离门禁门或门禁闸机较近的位置安装(离地面130cm左右)。

(2) 使用电钻和螺丝刀将门禁指纹键盘读卡器的安装座固定在预定位置上,确保安装牢固。

(3) 连接电源和通信线:门禁指纹键盘读卡器通常需要接入电源和门禁控制器或门禁网络。

(4) 安装配置软件(如果有):某些门禁指纹键盘读卡器可能需要通过配置软件进行初始化和设置。

(5) 进行初始化设置:根据使用手册和配置软件的指示,设置门禁指纹键盘读卡器的基本参数,如管理员指纹和门禁控制模式等。

030305 液晶显示读卡器安装

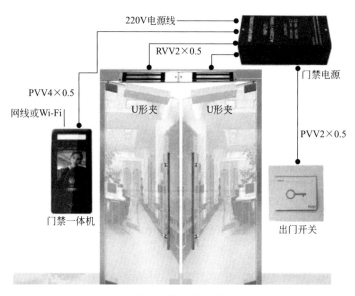

220V电源线

RVV2×0.5

门禁电源

PVV4×0.5

网线或Wi-Fi

U形夹　　U形夹

PVV2×0.5

门禁一体机

出门开关

液晶读卡器安装示意图

液晶读卡器实物图

施工工艺说明

（1）选择安装位置：确定液晶显示读卡器的安装位置。通常情况下，它应该安装在门禁门附近，方便人们使用并能够清晰地看到显示屏上的信息。设备如安装在金属表面，会缩短设备的有效读卡距离。为了减少设备之间的射频电磁干扰，设备与设备、设备与读卡器、读卡器与读卡器安装应有一定间距，建议大于50cm，并且外接继电器。

（2）准备设备：打开液晶显示读卡器的包装，取出设备并检查配件是否齐全，确保有必要的安装配件，如螺栓、安装座等。

（3）安装支架：根据设备提供的安装说明，将液晶显示读卡器的支架或安装座固定在预定的位置上，使用螺栓和螺丝刀来确保支架稳固。

（4）连接电源和通信线：液晶显示读卡器通常需要连接电源和与门禁控制器或门禁系统的通信线。确保正确连接电源和通信线，遵循设备提供的接线图或说明。

（5）固定设备：将液晶显示读卡器固定在支架上。这可能需要根据设备设计使用特定的固定方法，如旋转锁等。

（6）配置设置：根据设备说明，设置液晶显示读卡器的基本参数，如显示语言、显示内容和字体大小等。这些设置可能需要通过设备本身的控制面板或配套软件进行。

2. 出门按钮

030306 出门按钮空心门框式安装

出门按钮空心门框式安装实物图

施工工艺说明

（1）首先，确定出门按钮的安装位置。一般来说，出门按钮应该安装在门框的侧边，方便人们按压。

（2）使用电钻和适当尺寸的钻头，在门框上钻孔。这个孔应该与出门按钮的尺寸相匹配，以便按钮能够紧密放置在孔中。

（3）将出门按钮插入钻好的孔中，确保按钮安装平稳，不松动。

（4）根据按钮的安装方式，使用相应的螺栓或配件，将出门按钮固定在门框上，确保按钮牢固地固定在门框上。

（5）连接出门按钮的电源和控制线。出门按钮通常需要接入电源和门禁系统的控制器或网络。

（6）进行测试。按下出门按钮，确认它能够正常触发门禁系统并开启门锁。

030307 出门按钮电气底盒式安装

出门按钮电气底盒式安装示意图

施工工艺说明

（1）选择安装位置：确定出门按钮的安装位置。根据需要和方便性，选择一个合适的位置，通常在门旁边或门框附近。

（2）准备工具和材料：确保适当的工具和安装所需的材料，包括出门按钮、电器底盒、螺栓、螺母、电线等。

（3）安装电器底盒：将电器底盒固定在预定位置上，使用螺栓和螺母将底盒固定在墙壁上，确保底盒稳固。

（4）连接电线：将电线引入电器底盒内，并根据出门按钮的电气连接要求，连接电线到相应的接线端子，确保电线连接正确且牢固。

（5）安装出门按钮：将出门按钮安装在电器底盒上。通常，出门按钮会配有相应的底座或安装支架，将其与底盒连接。

（6）连接电源和控制线：连接出门按钮所需的电源线和控制线。电源线通常连接到电源供应装置，而控制线则连接到门禁系统或门锁的控制器。

（7）固定出门按钮：确保出门按钮稳固地固定在底座或支架上，以防止移动或摇晃。

（8）整理电线：将多余的电线整理好，确保不会干扰按钮的正常操作，并保持整洁。

（9）封闭底盒：如果底盒不是密封式的，可以考虑使用合适的盖板或面板将其封闭，以保护电器和电线免受外部环境的影响。

3. 电控锁

030308 单门磁力锁安装

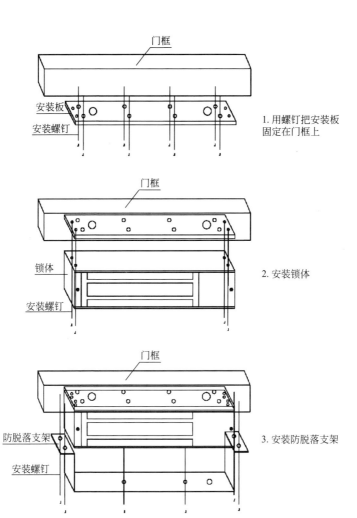

1. 用螺钉把安装板
固定在门框上

2. 安装锁体

3. 安装防脱落支架

标准安装效果　　LS支架安装效果　　ZL支架安装效果　　U支架安装效果

单门磁力锁安装示意图

施工工艺说明

（1）选择安装位置：确定磁力锁的安装位置。通常情况下，磁力锁应安装在门框的顶部，而磁性吸铁板（也称为挡板）应安装在门上。

（2）准备工具和材料：准备好所需的设备和安装配件，包括磁力锁、磁性吸铁板、螺栓、螺母、电线等。

（3）安装磁性吸铁板：将磁性吸铁板固定在门的顶部，与磁力锁对应位置的门框上。确保吸铁板与锁完全对准。

（4）安装磁力锁本体：将磁力锁的本体固定在门框的对应位置上，与磁性吸铁板对应。使用螺栓和螺母将磁力锁本体安装在门框上。

（5）连接电线：将电线引入磁力锁本体内，并根据磁力锁的电气连接要求，连接电线到相应的接线端子。通常，磁力锁需要连接到门禁系统或门控制器。

（6）测试功能：进行测试，确保磁力锁能够正常工作。尝试打开和关闭门，确保磁力锁在电流通断的情况下能够牢固地保持门的关闭状态。

（7）调整吸合力：根据实际情况，可能需要调整磁力锁的吸合力，以确保门能够正确关闭并保持在关闭状态。

（8）整理电线：将多余的电线整理好，确保不会干扰磁力锁的正常操作，并保持整洁。

030309 双磁力锁安装

磁力锁安装

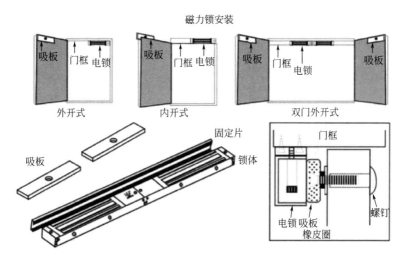

双门磁力锁安装示意图

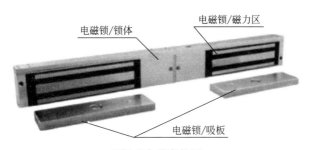

双门磁力锁实物图

施工工艺说明

（1）选择安装位置：确定双门磁力锁的安装位置。通常情况下，双门磁力锁的两个锁体分别安装在两扇门的顶部。

（2）准备工具和材料：准备好所需的设备和安装配件，包括双门磁力锁、螺栓、螺母、电线等。

（3）安装磁力锁锁体：将磁力锁的锁体固定在两扇门的顶部，与吸铁板对应的门框上，确保锁体和吸铁板对准。

（4）安装磁性吸铁板：将磁性吸铁板固定在两扇门的对应位置上，确保吸铁板与锁体完全对准。

（5）连接电线：将电线引入磁力锁锁体内，并根据磁力锁的电气连接要求，连接电线到相应的接线端子。通常，双门磁力锁需要连接到门禁系统或门控制器。

（6）测试功能：进行测试，确保双门磁力锁能够正常工作。尝试打开和关闭两扇门，确保磁力锁在电流通断的情况下能够牢固地保持门的关闭状态。

（7）调整吸合力：根据实际情况，可能需要调整磁力锁的吸合力，以确保两扇门能够正确关闭并保持在关闭状态。

（8）整理电线：将多余的电线整理好，确保不会干扰磁力锁的正常操作，并保持整洁。

030310 电插锁安装

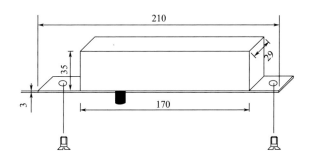

锁体部分（固定在门框上面）

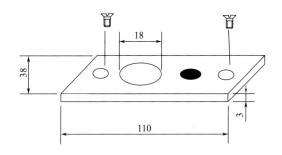

磁力片（固定在门上面）

电插锁安装示意图

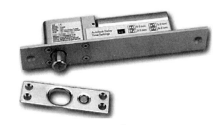

电插锁实物图

施工工艺说明

（1）选择安装位置：确定电插锁的安装位置。通常情况下，电插锁应安装在门框的侧面，而插头（也称为插座）应安装在门上。

（2）准备工具和材料：准备好所需的设备和安装配件，包括插头、螺栓、螺母、电线等。

（3）安装插头：将插头固定在门的侧面，与电插锁对应位置的门框上，确保插头与锁完全对准。

（4）安装电插锁本体：将电插锁的本体固定在门框的对应位置上，与插头对应，使用螺栓和螺母将电插锁本体安装在门框上。

（5）连接电线：将电线引入电插锁本体内，并根据电插锁的电气连接要求，连接电线到相应的接线端子。通常，电插锁需要连接到门禁系统或门控制器。

（6）测试功能：进行测试，确保电插锁能够正常工作。尝试打开和关闭门，确保电插锁在电流通断的情况下能够牢固地保持门的关闭状态。

（7）调整插头位置：如果需要，可能需要调整插头的位置，以确保插头与电插锁本体之间的对接正确。

（8）整理电线：将多余的电线整理好，确保不会干扰电插锁的正常操作，并保持整洁。

030311 玻璃门夹锁安装

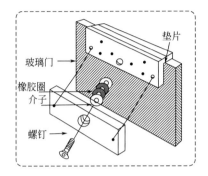

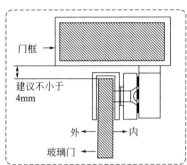

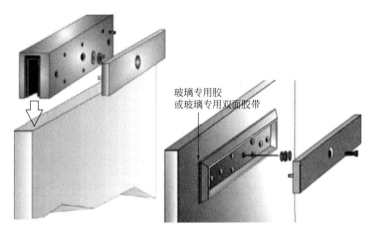

玻璃门夹锁安装示意图

施工工艺说明

（1）选择合适的玻璃门夹锁：根据玻璃门的类型和厚度，选择一个合适的玻璃门夹锁型号。

（2）准备工具和材料：准备好所需的设备和安装配件，包括玻璃门夹锁、螺栓、密封垫片、电线等。

（3）测量和标记安装位置：使用量具测量玻璃门的厚度，并根据夹锁的尺寸，确定夹锁的安装位置。使用标记笔或其他合适的工具，在玻璃门上标记出安装的位置。

（4）安装钻孔：使用合适的玻璃钻头，在标记的位置上钻孔。在钻孔之前，必须确保使用合适的冷却润滑剂，并小心操作，以避免损坏玻璃。

（5）安装夹锁盒体：将夹锁盒体插入之前钻好的孔中。确保夹锁盒体安装牢固，并与玻璃门紧密接触。

（6）安装夹锁舌头和锁扣：根据夹锁的设计，安装夹锁舌头和锁扣。通常，夹锁舌头应安装在门边的位置，而锁扣则安装在门框上。

（7）连接电线：将电线引入夹锁盒体内，并根据夹锁的电气连接要求，连接电线到相应的接线端子。通常，夹锁需要连接到门禁系统或门控制器。

（8）测试夹锁功能：进行测试，确保夹锁能够正常工作。尝试打开和关闭门，确保夹锁在电流通断的情况下能够牢固地保持门的关闭状态。

030312 电磁锁扣安装

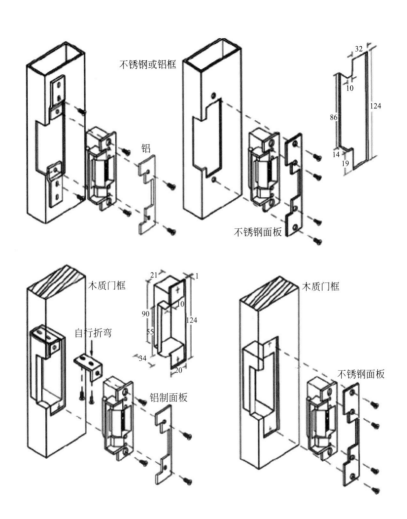

不锈钢或铝框

铝

不锈钢面板

32

10

124

86

14

19

木质门框

21

1

10

90

124

55

34

20

自行折弯

铝制面板

木质门框

不锈钢面板

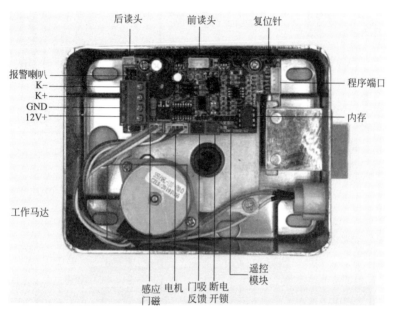

电磁锁扣安装示意图

施工工艺说明

　　(1) 选择合适的电磁扣锁：根据门的类型和尺寸，选择一个适合的电磁扣锁型号。

　　(2) 准备工具和材料：准备好所需的设备和安装配件，包括电磁扣锁、螺栓、螺母、电线等。

　　(3) 测量和标记安装位置：使用量具测量门的厚度和宽度，并根据电磁扣锁的尺寸，确定安装位置。使用标记笔或其他合适的工具，在门框和门上标记出安装的位置。

　　(4) 安装扣锁盒体：将扣锁盒体固定在门框上，与门的对应位置线对准，使用螺栓和螺母将扣锁盒体牢固地固定在门框上。

　　(5) 安装电磁铁片（也称为锁体）：使用螺栓和螺母将电磁铁片安装在门上，与扣锁盒体对应位置线对准，确保电磁铁片与扣锁盒体能够正常吸合。

　　(6) 连接电线：将电线引入扣锁盒体和电磁铁片内，并根据电磁扣锁的电气连接要求，连接电线到相应的接线端子。通常，电磁扣锁需要连接到门禁系统或门控制器。

　　(7) 调整吸合力：根据实际情况，可能需要调整电磁扣锁的吸合力。调整方式可能因电磁扣锁型号的不同而有所不同，请参考具体产品的安装手册。

　　(8) 测试功能：进行测试，确保电磁扣锁能够正常工作。尝试打开和关闭门，确保在通电时电磁扣锁能够牢固地保持门的关闭状态。

030313 电控推杠锁安装

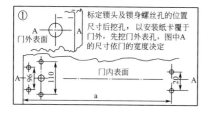

① 标定锁头及锁身螺丝孔的位置尺寸后挖孔，以安装纸卡覆于门外，先挖门外表孔，图中A的尺寸依门的宽度决定

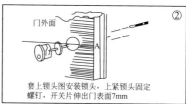

② 套上锁头图安装锁头，上紧锁头固定螺钉，开关片伸出门表面7mm

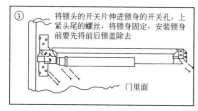

③ 将锁头的开关片伸进锁身的开关孔，上紧头尾的螺丝，将锁身固定，安装锁身前要先将前后锁盖除去

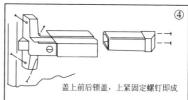

④ 盖上前后锁盖，上紧固定螺钉即成

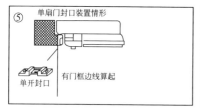

⑤ 单扇门封口装置情形

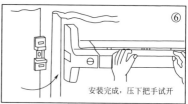

⑥ 安装完成，压下把手试开

电磁锁扣安装示意图及实物图

施工工艺说明

(1) 选择合适的电控推杠锁：根据门的类型和尺寸，选择一个合适的电控推杠锁型号。

(2) 准备工具和材料：准备好所需的设备和安装配件，包括电控推杠锁、螺栓、螺母、电线等。

(3) 测量和标记安装位置：使用量具测量门的宽度，并根据电控推杠锁的尺寸，确定安装位置。使用标记笔或其他合适的工具，在门和门框上标记出安装的位置。

(4) 安装推杠锁本体：将推杠锁的本体固定在门框上，与门的对应位置线对准，使用螺栓和螺母将推杠锁本体稳固地固定在门框上。

(5) 安装推杠杆和控制杆：根据推杠锁的设计，安装推杠杆和控制杆。推杠杆通常安装在门上，而控制杆安装在门框上。

(6) 连接电线：将电线引入推杠锁本体内，并根据电控推杠锁的电气连接要求，连接电线到相应的接线端子。通常，电控推杠锁需要连接到门禁系统或门控制器。

(7) 测试功能：进行测试，确保电控推杠锁能够正常工作。尝试打开和关闭门，确保在电流通断的情况下能够牢固地保持门的关闭状态。

(8) 调整推杠力：根据实际情况，可能需要调整推杠锁的力度。调整方式因推杠锁型号的不同而有所不同，请参考具体产品的安装手册。

030314 机电一体锁安装

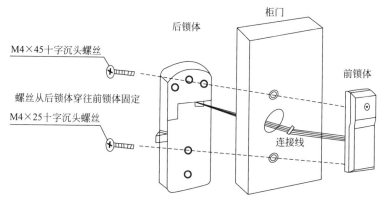

机电一体锁安装示意图

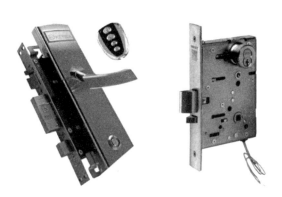

机电一体锁实物图

施工工艺说明

（1）选择合适的机电一体锁：根据门的类型和尺寸，选择一个适合的机电一体锁型号。

（2）准备工具和材料：准备好所需的设备和安装配件，包括机电一体锁、螺栓、螺母、电线等。

（3）测量和标记安装位置：使用量具测量门的厚度，并根据机电一体锁的尺寸，确定安装位置。使用标记笔或其他合适的工具，在门上标记出安装的位置。

（4）安装机械锁体：根据机械锁体的设计，将其安装在门上，与门框上的锁舌对应线对准。使用螺栓和螺母将机械锁体安装牢固。

（5）安装电子锁体：将电子锁体固定在机械锁体上，确保它与机械锁体良好地结合。根据锁体的设计，使用螺栓和螺母将其安装在合适的位置上。

（6）连接电线：将电线引入电子锁体内，并根据安装手册的要求，连接电线到相应的接线端子。通常，电子锁体需要连接到门禁系统或门控制器。

（7）调试和测试：进行调试和测试，确保机电一体锁能够正常工作。通过门禁系统或门控制器进行测试，确认电子锁体能够通过电流和机械结构联动来控制门的开关。

（8）调整锁舌：根据实际情况，可能需要调整机械锁体的锁舌，以确保与门框的闭合和开启相匹配。

（9）整理电线：将多余的电线整理好，确保不会干扰机电一体锁的正常操作，并保持整洁。

030315 多点电控马达驱动电插锁安装

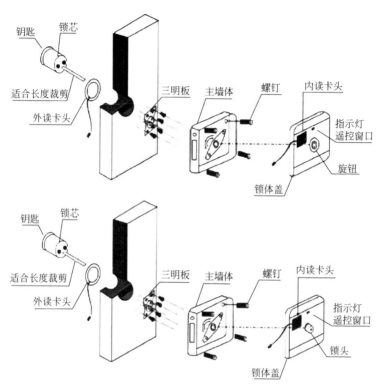

多点电控马达锁安装示意图

多点电控马达锁实物图

施工工艺说明

（1）选择合适的多点电控马达驱动电插锁（简称马达锁）：根据门的类型和尺寸，选择一个适合的多点电控马达锁型号。

（2）准备工具和材料：准备好所需的设备和安装配件，包括多点电控马达锁、螺栓、螺母、电线等。

（3）测量和标记安装位置：使用量具测量门的尺寸，并根据多点电控马达驱动电插锁的尺寸，确定安装位置。使用标记笔或其他合适的工具，在门上标记出安装的位置。

（4）安装马达锁本体：将马达锁本体固定在门上，与标记位置对准。使用螺栓和螺母将马达锁本体牢固地固定在门上。

（5）安装锁体和锁舌：根据多点电控马达锁的设计，安装相应数量的锁体和锁舌。确保锁体能够与门框上的锁孔对应，并能够正常锁闭。

（6）连接电线：将电线引入马达锁本体内，并根据多点电控马达锁的电气连接要求，连接电线到相应的接线端子。通常，马达锁需要连接到门禁系统或门控制器。

（7）调试和测试：进行调试和测试，确保多点电控马达锁能够正常工作。通过门禁系统或门控制器进行测试，确认马达锁能够通过电动马达控制多个锁点的开关。

（8）调整锁体和锁舌位置：根据实际情况，可能需要调整锁体和锁舌的位置，以确保它们能够顺利锁闭并与门框的闭合相匹配。

（9）整理电线：将多余的电线整理好，确保不会干扰多点电控马达锁的正常操作，并保持整洁。

4. 电磁门吸

030316 墙式电磁门吸安装

墙式电磁门吸实物图

施工工艺说明

（1）选择合适的墙式电磁门吸：根据门的类型和尺寸，选择一个合适的墙式电磁门吸型号。

（2）准备工具和材料：准备好所需的设备和安装配件，包括墙式电磁门吸、螺栓、螺母、电线等。

（3）测量和标记安装位置：使用量具测量门框的厚度，并根据墙式电磁门吸的尺寸，确定安装位置。使用标记笔或其他合适的工具，在门框上标记出安装的位置。

（4）安装墙式电磁门吸本体：将墙式电磁门吸的本体固定在门框上，与门对应位置线对准。使用螺栓和螺母将墙式电磁门吸本体牢固地固定在门框上。

（5）安装锁舌（也称为锁头）：根据墙式电磁门吸的设计，安装锁舌。锁舌通常安装在门上，与墙式电磁门吸本体的吸合部分对应。

（6）连接电线：将电线引入墙式电磁门吸本体内，并根据电气连接要求，连接电线到相应的接线端子。通常，墙式电磁门吸需要连接到门禁系统或门控制器。

（7）测试功能：进行测试，确保墙式电磁门吸能够正常工作。尝试打开和关闭门，确认在电流通断的情况下能够牢固地吸合和释放。

（8）调整吸合力：根据实际情况，可能需要调整墙式电磁门吸的吸合力，以确保吸合和释放的力度适中。

（9）整理电线：将多余的电线整理好，确保不会干扰墙式电磁门吸的正常操作，并保持整洁。

030317 地式电磁门吸安装

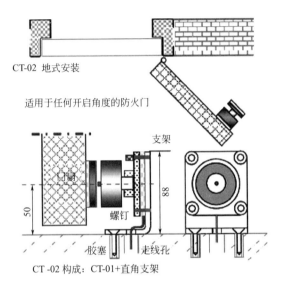

CT-02 地式安装

适用于任何开启角度的防火门

支架

门扇

88

50

螺钉

胶塞　走线孔

CT -02 构成：CT-01+直角支架

地式电磁门吸安装示意图

地式电磁门吸施工现场图

施工工艺说明

（1）选择合适的地式电磁门吸：根据门的类型和尺寸，选择一个合适的地式电磁门吸型号。

（2）准备工具和材料：准备好所需的设备和安装配件，包括地式电磁门吸、螺栓、螺母、电线等。

（3）测量和标记安装位置：使用量具测量门框和地面的距离，并根据地势电磁门吸的尺寸，确定安装位置。使用标记笔或其他合适的工具，在地面上标记出安装的位置。

（4）准备地面：清理地面，并确保安装位置平整、干燥、清洁。如果需要，在地面上打孔或凿口，以便安装电线。

（5）安装地式电磁门吸本体：将地式电磁门吸的本体固定在地面上，与标记位置对准。使用螺栓和螺母将地式电磁门吸本体牢固地固定在地面上。

（6）连接电线：将电线引入地式电磁门吸本体内，并根据电气连接要求，连接电线到相应的接线端子。通常，地式电磁门吸本体需要连接到门禁系统或门控制器。

（7）测试功能：进行测试，确保地式电磁门吸能够正常工作。尝试打开和关闭门，确认在电流通断的情况下能够牢固地吸合和释放。

（8）调整吸合力：根据实际情况，可能需要调整地式电磁门吸的吸合力，以确保吸合和释放的力度适中。

（9）整理电线：将多余的电线整理好，并将其隐藏或安装在地面下，确保不会干扰地式电磁门吸的正常操作，并保持整洁。

第四节 ● 速通门系统

030401 三辊闸安装

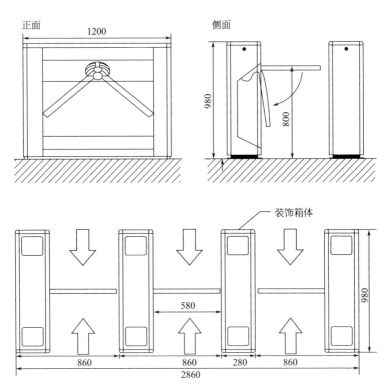

三辊闸安装示意图

三锟闸实物图

施工工艺说明

(1) 选择合适的三锟闸：根据实际场景和需求，选择适合的三锟闸型号和规格。

(2) 确定安装位置：根据安全性、通行流量和场地布局等因素，确定三锟闸的安装位置。

(3) 准备工具和材料：准备好所需的设备和安装配件，如螺栓、螺母、电线等。

(4) 固定底座：将三锟闸的底座固定在预定的位置上，使用螺栓和螺母将其牢固地固定。

(5) 安装转轴和转门：根据设备安装说明，将转轴和转门固定在底座上，确保转门能够顺畅、稳定地旋转。

(6) 连接电线、根据设备的电气连接要求，将电线引入三锟闸内，连接到相应的接线端子。通常情况下，需要连接到门禁系统或门控制器。

(7) 进行电气调试：接通电源后，进行电气调试，确保三锟闸的电气系统正常工作，并能响应开门信号。

(8) 处理电线和清洁：将多余的电线整理好，确保不会干扰三锟闸的正常操作，并保持设备的清洁。

030402 翼闸安装

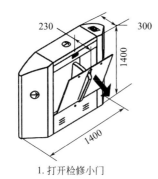

1. 打开检修小门

2. 将膨胀螺丝从检修口打入

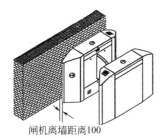

闸机离墙距离100

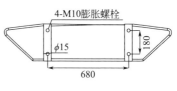

翼闸安装示意图

翼闸实物图

施工工艺说明

（1）选择合适的翼闸：根据实际场景和需求，选择适合的翼闸型号和规格。

（2）确定安装位置：根据安全性、通行流量和场地布局等因素，确定翼闸的安装位置。

（3）准备工具和材料：准备好所需的设备和安装配件，如螺栓、螺母、电线等。

（4）线路预埋：预埋或开挖电缆线沟；在挖好的线路沟里放入适当直径的走线管（PVC管或钢管），穿入设备所需的电源线和控制线。两台闸机之间布一根8芯连机线连机。

（5）固定：将翼闸的底座固定在预定的位置上，使用螺栓和螺母将其牢固地固定。

（6）安装翼闸：使2台翼闸上电，使翼运行至关闭状态，然后对齐两台翼闸的翼，使翼在同一直线上，翼与翼之间的距离是3～5cm；需要测试红外是否对准，等全部功能都调试完毕；在基座的螺栓孔中心和机箱底座边缘在地面上做记号，再移开机箱，在做好记号的螺栓孔上用钻头垂直打孔，大小、深度要符合膨胀螺栓的要求将设备移至原位，打入膨胀螺栓并紧固螺栓即可。

（7）连接电线：根据设备的电气连接要求，将电线引入翼闸内，连接到相应的接线端子。通常情况下，需要连接到门禁系统或门控制器。

（8）整理电线和清洁：将多余的电线整理好，确保不会干扰翼闸的正常操作，并保持设备的清洁。

030403 摆闸安装

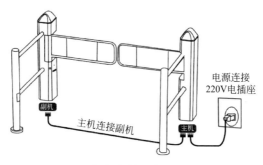

摆闸安装示意图

电源连接
220V电插座

主机连接副机

副机

主机

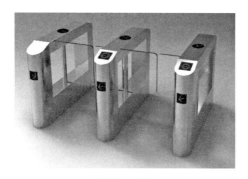

摆闸实物图

施工工艺说明

（1）选择合适的摆闸：根据实际场景和需求，选择适合的摆闸型号和规格。

（2）确定安装位置：根据安全性、通行流量和场地布局等因素，确定摆闸的安装位置。

（3）准备工具和材料：准备好所需的设备和安装配件，如螺栓、螺母、电线等。

（4）线路预埋：预埋或开挖电缆线沟；在挖好的线路沟里放入适当直径的走线管（PVC管或钢管），穿入设备所需的电源线和控制线。如距离较远，电源线和控制线必须分开走管（2管距离应在50cm以上）；如通道为两台连机使用，则还需要在两台闸机之间布一根网线连机（水晶头两头压线相对）。

（5）固定底座：将摆闸的底座固定在预定的位置上，使用螺栓和螺母将其牢固地固定。

（6）安装闸门：使2台摆闸上电，使摆臂运行至关闭状态，然后对齐两台摆闸的摆臂，使摆臂在同一直线上，摆臂与摆臂之间的距离是3～5cm；此闸机有加装防夹红外电眼，需要测试红外是否对准，等全部功能都调试完毕，最后再固定机箱。

（7）连接电线：根据设备的电气连接要求，将电线引入摆闸内，连接到相应的接线端子。通常情况下，需要连接到门禁系统或门控制器。

（8）整理电线和清洁：将多余的电线整理好，确保不会干扰摆闸的正常操作，并保持设备的清洁。

030404 平移闸安装

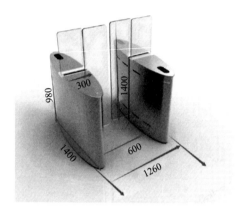

平移闸尺寸示意图

平移闸实物图

施工工艺说明

(1) 选择合适的平移闸：根据实际场景和需求，选择适合的平移闸型号和规格。

(2) 确定安装位置：根据安全性、通行流量和场地布局等因素，确定平移闸的安装位置。

(3) 准备工具和材料：准备好所需的设备和安装配件，如螺栓、螺母、电线等。

(4) 线路预埋：在挖好的线路沟里放入适当直径的走线管（PVC管或钢管），穿入设备所需的电源线和控制线。如距离较远，电源线和控制线必须分开走管（2管距离应在50cm以上）；两台闸机之间布一根8芯连机线连机。

(5) 固定底座：将平移闸的底座固定在预定的位置上，使用螺栓和螺母将其牢固地固定。

(6) 安装闸门：使2台平移闸上电，使翼运行至关闭状态，然后对齐两台平移闸的翼，使翼在同一直线上，翼与翼之间的距离是3~5cm；需要测试红外是否对准，等全部功能都调试完毕；在基座的螺栓孔中心和机箱底座边缘在地面上做记号，再移开机箱，在做好记号的螺栓孔上用钻头垂直打孔，大小、深度要符合膨胀螺栓的要求将设备移至原位，打入膨胀螺栓并紧固螺栓即可。

(7) 连接电线：根据设备的电气连接要求，将电线引入平移闸内，连接到相应的接线端子。通常情况下，需要连接到门禁系统或门控制器。

(8) 整理电线和清洁：将多余的电线整理好，确保不会干扰摆闸的正常操作，并保持设备的清洁。

030405 全高闸安装

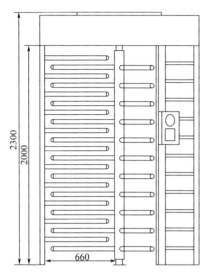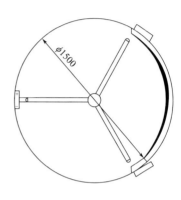

全高闸尺寸示意图

全高闸实物图

施工工艺说明

（1）选择合适的全高闸：根据门禁需求和场地要求，选择适合的全高闸型号和规格。

（2）确定安装位置：根据安全性、通行流量和场地布局等因素，确定全高闸的安装位置。

（3）准备工具和材料：确保你有适当的工具和所需的安装材料，如螺栓、螺母、电线等。

（4）安装地脚螺栓：根据全高闸设计，确定安装孔位，在安装位置处预埋 4 个 M12 的地脚螺栓或 4 个 M12 的膨胀螺栓。

（5）安装全高闸框架：按照全高闸的安装说明，将框架固定在地脚螺栓上，确保其稳固固定。

（6）安装闸门：根据全高闸的安装说明，安装闸门，固定在框架上，确保其能够顺畅运动。

（7）连接电线：根据设备的电气连接要求，将强电电缆和弱电电缆分别用 PVC 线管穿好，用水泥埋在相应的位置，将电线引入全高闸内，按照系统接线图，将电源线、控制线与闸机主控制板接线插座接好，并接好系统的保护线。通常，需要连接到门禁系统或门控制器。

（8）整理电线和清洁：将多余的电线整理好，确保不会干扰全高闸的正常操作，并保持设备的清洁。

030406 一字闸安装

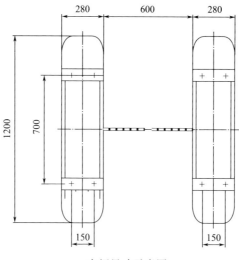

一字闸尺寸示意图

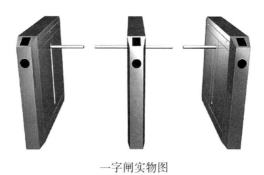

一字闸实物图

施工工艺说明

（1）确定安装位置：根据需要控制人员进出的位置，选择一个适合安装一字闸的区域。

（2）准备安装材料：准备好一字闸设备、螺丝刀、扳手、螺栓等必要的安装工具和材料。

（3）标记安装点：使用标尺和水平仪，标记出一字闸的安装底座和螺栓孔的位置。

（4）安装底座：将一字闸的底座固定在标记的位置上，使用螺栓将其稳固固定。

（5）安装闸机主体：根据具体的系统组成、使用现场以及所选用的机型，确定各闸机的安装位置；按安装示意图要求、确定安装孔位，在安装位置处预埋4个M12的地脚螺钉或4个M12的膨胀螺钉；固定闸机时，请先将闸机摆放整齐，检测电眼是否对准。

（6）连接电线：根据设备的电气连接要求，将电线引入全高闸内，连接到相应的接线端子。通常，需要连接到门禁系统或门控制器。

第五节 ● 电子巡查管理系统

1. 无线巡更点

030501 无线巡更点胶粘

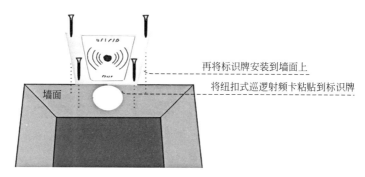

再将标识牌安装到墙面上

将纽扣式巡逻射频卡粘贴到标识牌

墙面

无线巡更点安装示意图

无线巡更点实物图

施工工艺说明

（1）准备工具和材料：无线巡更点设备、胶水或胶带、清洁用品（酒精、布等）、手套等。

（2）确定安装位置：根据巡更需要，选择合适的位置安装无线巡更点。

（3）清洁安装区域：使用清洁用品（如酒精和布）清洁安装区域，确保表面干净，以确保胶水或胶带能够更好地黏附。

（4）粘贴胶带或涂抹胶水：使用胶带或胶水粘贴在无线巡更点的背面。

（5）粘贴无线巡更点：将无线巡更点放置在预定的安装位置上，射频卡建议安装距离地面1.3m，确保胶水或胶带与表面紧密粘合。射频卡安装环境应远离金属和电磁干扰区域，更不能直接安装在金属表面上。

（6）按压固定：轻轻按压无线巡更点，确保其与表面紧密黏合，并将其固定在位置上。

（7）等待固化：根据胶水或胶带的使用说明，等待一段时间，以确保胶水完全固化，胶带充分粘合。

（8）测试固定稳定性：在固化完全后，轻轻测试一下无线巡更点是否牢固地固定在位置上，防止其松动。

030502 无线巡更点钉装

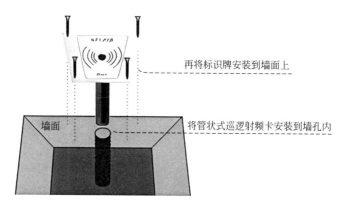

再将标识牌安装到墙面上

墙面

将管状式巡逻射频卡安装到墙孔内

无线巡更点安装示意图

施工工艺说明

（1）准备工具和材料：无线巡更点设备、钉子或螺栓等固定材料、锤子或电钉枪、清洁用品（酒精、布等）、手套等。

（2）确定安装位置：根据巡更需要，选择合适的位置安装无线巡更点。

（3）清洁安装区域：使用清洁用品（如酒精和布）清洁安装区域，确保表面干净，以便更好地进行固定。

（4）钉装无线巡更点：射频卡建议安装距离地面1.3m，射频卡安装环境应远离金属和电磁干扰区域，更不能直接安装在金属表面上。

① 使用钉子或螺栓等固定材料，将无线巡更点的固定孔对准安装位置上的预定孔。

② 使用锤子或电钉枪，将钉子或螺栓固定在位置上，确保无线巡更点牢固固定。

（5）测试固定稳定性：在固定完成后，轻轻测试一下无线巡更点是否牢固地固定在位置上，防止其松动。

2. 有线巡更点及控制设备

030503 有线巡更点安装

有线巡更点实物图

施工工艺说明

　　(1) 确定安装点位：根据巡更需求，选择合适的位置安装有线巡更点。

　　(2) 准备安装工具和材料：准备好有线巡更点设备、螺丝刀、扳手、螺栓、膨胀螺栓、钻孔工具等必要的安装工具和材料。

　　(3) 标记安装点：使用标尺和水平仪，在安装位置上标记出有线巡更点的支架和螺栓孔的位置。

　　(4) 固定支架：将有线巡更点的支架固定在标记的位置上，使用螺栓和膨胀螺栓等固定设备。

　　(5) 连接电源线和网络线：针对有线巡更点的设备，根据要求连接电源线和网络线到相应接口上。

　　(6) 安装有线巡更点主体：建议安装距离地面 1.2～1.4m；安装环境应远离金属和电磁干扰区域，更不能直接安装在金属表面上。打开巡更点的封盖，再拿冲击钻好对应的四个孔，嵌入胶塞，将自攻螺钉固定，再封上封盖即可。

030504 有线巡更控制器安装

离散巡更机　　　　　巡更钮

打印机　　　　巡更管理工作站

有线巡更点控制器实物图

施工工艺说明

（1）用产品匹配的通信线将巡检器与电脑连接好，点击上述界面右下角的〈检测通信端口〉按钮，按巡检器开机键开机，屏幕的右下角提示。

（2）再次按一下开机键，巡检器屏幕上显示｛0000｝证明与电脑通信成功，几秒钟内软件将自动检测出通信座的通信接口，点击＜确定＞按钮即可。

（3）用产品匹配的通信线将通信座与电脑连接好，点击上述界面右下角的＜检测通信端口＞按钮，几秒钟内软件将自动检测出通信座的通信接口，点击＜确定＞按钮即可。

第六节 • 汽车库（场）管理系统

1. 探测器

030601 超声波探测器吊装

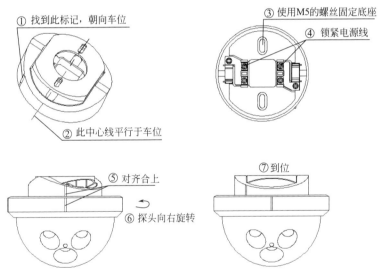

① 找到此标记，朝向车位
② 此中心线平行于车位
③ 使用M5的螺丝固定底座
④ 锁紧电源线
⑤ 对齐合上
⑥ 探头向右旋转
⑦ 到位

超声波探测器吊装安装示意图

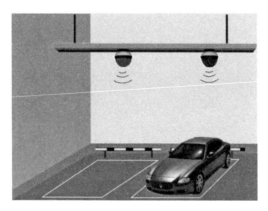

超声波探测器吊装现场图

施工工艺说明

（1）确定安装位置：根据停车场布局和需求，选择合适的位置安装超声波探测器，通常安装于停车位上方。

（2）准备安装工具和材料：准备好超声波探测器、螺丝刀、扳手、螺栓、膨胀螺栓、电源线等必要的安装工具和材料。

（3）标记安装点：使用标尺和水平仪，在每个停车位的中心标记出超声波探测器的安装位置。

（4）连接电源线：将超声波探测器的电源线连接到相应的电源接口上，并确保连接牢固。

（5）安装探测器支架：找到底座上的竖形标记，将此标记朝向车位方向，底座中心线平行于车位放置在86盒上；将底座用M5的螺栓固定在86底盒上，锁紧电源线。

（6）安装超声波探测器：将底座和超声波探头上两个标记对齐合上，超声波探头向右旋转一定角度直到扣紧合拢。

030602 红外探测器吊装

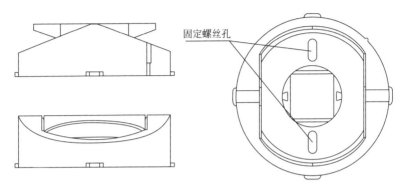

固定螺丝孔

红外探测器吊装安装示意图

红外探测器实物图

施工工艺说明

（1）选择安装位置：根据停车场布局和需求，选择合适的位置安装红外探测器，通常安装于停车位边缘。

（2）准备安装工具和材料：准备好红外探测器、螺丝刀、扳手、螺栓、膨胀螺栓、电源线等必要的安装工具和材料。

（3）标记安装点：使用标尺、水平仪等工具，在停车位边缘标记出红外探测器的安装位置。

（4）安装探测器支架：先将探测器和底座按逆时针方向旋转打开外壳；对应基座上的孔点标示对应在相应位置上打孔。

（5）连接电源线和信号线：将红外探测器的电源线和信号线连接到相应的接口上，并确保连接牢固。

（6）调整探测范围：根据停车场的实际需求，调整红外探测器的探测范围和灵敏度，以适应不同的停车位尺寸和车辆大小。

（7）探测器安装：从后槽将线引入基座并用两枚螺栓将基座固定在相应位置上；将基座内的线接入探测器，并把探测器卡入基座顺时针方向旋转至基座卡槽的最底部即可。

030603 视频探测器吊装

视频探测器吊装安装示意图

视频探测器施工现场图

施工工艺说明

（1）选择安装位置：根据停车场布局和需求，选择合适的位置安装视频探测器，通常安装于停车位上方。

（2）准备安装工具和材料：准备好视频探测器、螺丝刀、扳手、螺栓、膨胀螺栓、电源线、网络线等必要的安装工具和材料。

（3）确定安装高度和角度：吊装位置应当选择在车库车辆行驶道路的上方距离地面 2.5m 高，车道分向行驶标志线（白线）正上方。如有不规则车位（特殊的停车位）应当选择在水平距离车位前方 3m，垂直距离地面高度为 2.5m 处安装，视频探测器能看见车牌。

（4）安装支架或固定装置：根据确定的安装高度和角度，在合适的位置上安装支架或固定装置，并用螺栓和膨胀螺栓将其固定在位置上。

（5）连接电源线和网络线：将视频探测器的电源线和网络线分别连接到相应的接口上，并确保连接牢固。

（6）调整设置和校准：根据视频探测器的要求和安装位置，进行相应的设置和校准，如调整监测范围、灵敏度等。

（7）安装和调整摄像头：将摄像头安装在视频探测器上，并根据安装高度和角度进行相应的调整，确保能够覆盖目标区域。

2. 车位指示灯

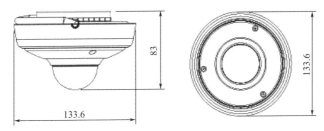

车位指示灯尺寸示意图

车位指示灯施工现场图

施工工艺说明

（1）确定安装位置：根据停车场布局和需求，选择合适的位置安装车位指示灯，通常安装在停车位上方，高度同探测器。

（2）准备安装工具和材料：准备好车位指示灯、螺丝刀、扳手、螺栓、膨胀螺栓、电源线等必要的安装工具和材料。

（3）标记安装点：使用标尺和水平仪，在每个停车位的中心标记出车位指示灯的安装位置。

（4）安装灯座和支架：将车位指示灯的灯座和支架固定在标记的位置上，使用螺栓和膨胀螺栓等固定设备。

（5）连接电线：车位指示灯直接从车位探测器上接线，同一侧同一排的车位指示灯处于同一水平线上。

（6）调整探测范围和灵敏度：根据停车场实际需求，调整车位指示灯的探测范围和灵敏度，以确保准确显示车位状态。

（7）固定车位指示灯：将车位指示灯安装在灯座上，并确保固定牢固。

（8）测试运行：在完成安装后，进行测试运行，确保车位指示灯能够准确显示车位状态，对每个车位的占用或空闲状况进行可靠检测。

车位指示灯安装完毕后先不锁上，测量节点处＋24V，GND，A、B是否存在短路，排除短路后方可上电，节点搜索到所有探测器且车位灯能正常红绿变化后，断电锁好探测器和车位指示灯。

3. 引导显示屏

030605 引导显示屏吊装

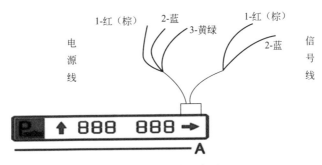

引导显示屏接线示意图

引导显示屏吊装施工现场图

施工工艺说明

（1）选择吊装位置：根据具体需求，选择合适的位置进行引导显示屏的吊装，一般安装于车场拐弯处。

（2）安装吊具：使用角钢进行吊装，将吊具安装在吊装点上，安装高度不得低于车场内限高高度，确保吊具牢固可靠，并根据需要进行固定。

（3）连接引导显示屏：使用绳索或其他连接设备，将引导显示屏连接到吊装设备上，确保连接牢固。

（4）调整位置和角度：根据需求，调整引导显示屏的位置和安装角度，确保能够清楚显示引导信息。

（5）确认安全固定：确保引导显示屏在吊装过程中牢固安全地固定在位置上，防止松动或掉落。

（6）进行调试和测试：完成吊装后，进行调试和测试，确保引导显示屏正常工作，并能够显示正确的引导信息。

030606 引导显示屏壁装

引导显示屏壁装施工现场图

施工工艺说明

（1）确定安装位置：根据停车场布局和需求，选取合适的墙壁位置安装引导显示屏。

（2）准备安装工具和材料：准备好引导显示屏、螺丝刀、螺栓等必要的安装工具和材料。

（3）评估墙壁结构：评估选定的墙壁结构，确保其能够承受引导显示屏的重量和固定。

（4）标记安装点：使用标尺、水平仪等工具，标记出引导显示屏的安装点和固定孔位置。

（5）钻孔：使用适合的钻头，在标记的位置上钻孔，以便安装螺栓。

（6）安装支架和挂架：根据标记的位置，将显示屏的壁挂支架和挂架固定在墙壁上，使用膨胀螺栓进行固定。

（7）连接电源线和信号线：将引导显示屏的电源线和信号线分别连接到相应的接口上，并确保连接牢固。

（8）固定引导显示屏：显示器按照与墙面连接的挂架位置在其背部预留的对应位置的孔连接带卡扣的螺栓，连接完成后将卡扣对准墙壁上的挂架卡孔插入卡紧即可。

（9）调试和测试：完成安装后，进行调试和测试，确保引导显示屏能够正常工作，显示正确的引导信息。

4. 车位显示屏

030607 车位显示屏吊装

车位显示屏吊装施工现场图

施工工艺说明

（1）选择吊装位置：根据具体需求，选择合适的位置进行引导显示屏的吊装，一般安装于车场入口。

（2）安装吊具：使用角钢进行吊装，将吊具安装在吊装点上，安装高度不得低于车场内限高高度，确保吊具牢固可靠，并根据需要进行固定。

（3）连接车位显示屏：使用绳索或其他连接设备，将车位显示屏连接到吊装设备上，确保连接牢固。

（4）调整位置和角度：根据需求，调整车位显示屏的位置和安装角度，确保能够清楚显示引导信息。

（5）确认安全固定：确保车位显示屏在吊装过程中牢固安全地固定在位置上，防止松动或掉落。

（6）进行调试和测试：完成吊装后，进行调试和测试，确保车位显示屏正常工作，并能够显示正确的车位信息。

030608 车位显示屏壁装

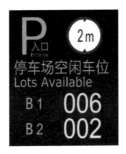

车位显示屏壁装施工现场图

施工工艺说明

(1) 选择安装位置：根据需要，选择合适的位置安装车位显示屏，一般选择停车场入口、车库入口等易于被车主注意的位置。

(2) 准备工具和材料：准备需要的工具和材料，包括螺丝刀、扳手、螺栓、支架、电源线、网络线等。

(3) 标记安装点：使用标尺和水平仪，在选择的位置上标记出车位显示屏的安装点和螺栓孔的位置。

(4) 安装支架：根据标记的位置，将支架固定在墙壁上，使用螺栓和螺丝刀进行固定。

(5) 连接电源线和网络线：将车位显示屏的电源线和网络线连接到相应的接口上，并确保连接牢固。

(6) 安装车位显示屏：显示器按照与墙面连接的挂架位置在其背部预留的对应位置的孔连接带卡扣的螺栓，连接完成后将卡扣对准墙壁上的挂架卡孔插入卡紧即可。

(7) 调整设置：根据实际需求，对车位显示屏进行相应的设置，如显示方式、文字内容、亮度等。

(8) 测试运行：在完成安装后，进行测试运行，确保车位显示屏能够正常工作，显示正确的车位状态信息。

030609 车位显示屏落地安装

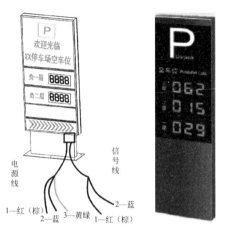

车位显示屏接线示意图及实物图

◆ 施工工艺说明

（1）选择安装位置：根据需要，选择合适的位置安装车位显示屏，一般选择停车场入口、车库入口等易于被车主注意的位置。

（2）准备工具和材料：准备需要的工具和材料，包括螺丝刀、扳手、螺栓、支架、电源线、网络线等。

（3）准备基座：根据车位显示屏的尺寸和重量，选择适合的基座并搭建起来。基座的稳定性非常重要，确保其能够承受显示屏的重量。

（4）安装显示屏：将车位显示屏放置在准备好的基座上，根据显示屏和基座的设计，使用螺栓将其固定在支架上。

（5）连接电源线：将车位显示屏的电源线连接到合适的电源插座，确保连接稳固。

（6）调整显示屏位置：根据需求调整车位显示屏的位置，确保其能够被车辆驾驶员清晰地看到。

5. 控制设备

030610 有线探测管理器安装

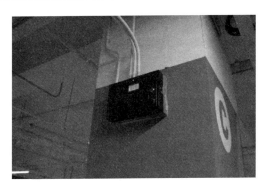

有线探测管理器施工现场图

施工工艺说明

（1）确定安装位置：根据需求和实际布局，选择一个合适的位置安装有线探测管理器。

（2）准备安装工具和材料：准备好有线探测管理器、螺丝刀、扳手、螺栓、膨胀螺栓等必要的工具和材料。

（3）确认电源和网络连接：根据有线探测管理器的需求，确认所需的电源和网络连接。

（4）安装底座：做好立柱基础，并立3m高的立柱或者有线探测管理器直接安装在墙壁上；用抱箍将有线探测控制器安装底板，牢牢固定在离地面的2.2~2.5m处。

（5）固定有线探测管理器：将有线探测管理器固定在底座上，使用螺栓或其他固定装置进行固定，并将预留的线敷设到有线探测管理器上；将控制器箱体防水胶条整理好放回箱体槽内，关闭锁紧箱体，以防漏水。

（6）连接电源线和网络线：将有线探测管理器的电源线和网络线连接到相应的接口上，确保连接稳固。

030611 无线探测管理器安装

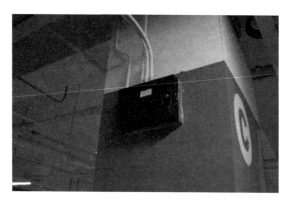

无线探测管理器施工现场图

施工工艺说明

（1）确定安装位置：根据需求和实际布局，选择一个合适的位置安装无线探测管理器。

（2）准备安装工具和材料：准备好无线探测管理器、螺丝刀、扳手、螺栓、膨胀螺栓等必要的工具和材料。

（3）确认电源和网络连接：根据无线探测管理器的需求，确认所需的电源和网络连接。

（4）安装底座：做好立柱基础，并立3m高的立柱或者无线探测管理器直接安装在墙壁上；用抱箍将无线探测控制器安装底板，牢牢固定在离地面的2.2~2.5m处。

（5）固定无线探测管理器：将无线探测管理器固定在底座上，使用螺栓或其他固定装置进行固定，并将预留的线数设到无线探测管理器上；将控制器箱体防水胶条整理好放回箱体槽内，关闭锁紧箱体，以防漏水。

（6）连接电源线和网络线：将无线探测管理器的电源线和网络线连接到相应的接口上，确保连接稳固。

030612 视频探测管理器安装

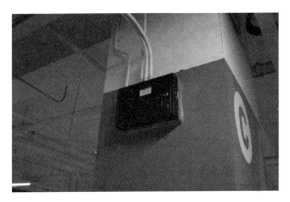

视频探测管理器施工现场图

施工工艺说明

（1）确定安装位置：根据需求和实际布局，选择一个合适的位置安装视频探测管理器。

（2）准备安装工具和材料：准备好视频探测管理器、螺丝刀、扳手、螺栓、膨胀螺栓等必要的工具和材料。

（3）确认电源和网络连接：根据视频探测管理器的需求，确认所需的电源和网络连接。

（4）安装底座：做好立柱基础，并立3m高的立柱或者视频探测管理器直接安装在墙壁上；用抱箍将视频探测控制器安装底板，牢牢固定在离地面的2.2~2.5m处。

（5）固定视频探测管理器：将视频探测管理器固定在底座上，使用螺栓或其他固定装置进行固定，并将预留的线敷设到视频探测管理器上；将控制器箱体防水胶条整理好放回箱体槽内，关闭锁紧箱体，以防漏水。

（6）连接电源线和网络线：将视频探测管理器的电源线和网络线连接到相应的接口上，确保连接稳固。

030613 车位引导控制器安装

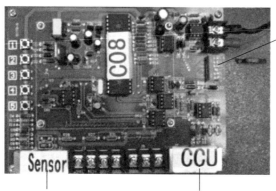

拨码开关

探测器或者节点下LED屏   中央或者中央下LED屏

中央控制器运行指示灯   RJ45-A接口，连接   RJ45-B接口，连
                                节点控制器   接本地网络

中央控制器升级插口

车位引导控制器接线示意图及实物图

施工工艺说明

（1）确定安装位置：根据车位引导控制器的功能和布局需求，选择合适位置进行安装。

（2）准备工具和材料：预留下所需工具和材料，例如螺丝刀、扳手、螺栓、膨胀螺栓等。

（3）安装控制器底座：根据控制器底座的设计，选择合适位置，并使用螺栓或膨胀螺栓等固定设备将底座安装在墙壁或支架上。

（4）连接电源线和网络线：连接车位引导控制器的电源线和网络线到相应的接口上，确保连接牢固稳定。

（5）连接引导灯和传感器：根据控制器的设计，连接引导灯和传感器到相应的控制端口上。

（6）调试设置：根据实际需求设置车位引导控制器，如配置指示模式、调整感应距离等参数。

（7）测试运行：完成安装后，进行测试运行，确保车位引导控制器及相关设备能够正常工作。

第七节 ● 无线对讲系统

1. 中继台

030701 中继台安装

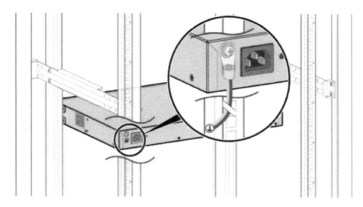

中继台安装示意图

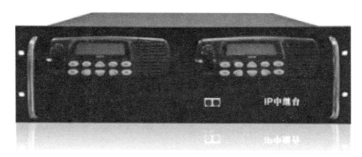

中继台实物图

施工工艺说明

（1）确定安装位置：选择合适的位置进行中继台的安装，通常需要确保信号传输范围能够覆盖所需的通信区域，一般安装于机柜内。

（2）准备工具和材料：确保所需安装工具和材料齐全，如螺丝刀、扳手、螺栓、螺母、安装底座等。

（3）机柜内安装：机柜和机架必须设有导轨和孔间隔，用机柜专用螺栓将数字中继台固定在机柜上。

（4）连接天线：根据中继台的天线需求，连接天线至中继台的天线接口上，并确保接触良好。

（5）连接电源线：连接中继台的电源线到适配器或电源接口上，确保电源连接稳固。

（6）连接其他必要设备：根据实际情况，可能需要连接其他设备，例如喇叭、麦克风、网络线等。

2. 天线及避雷器

030702 室内定向天线安装

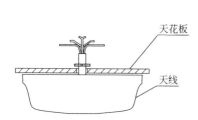

室内定向天线安装示意图

室内定向天线实物图

施工工艺说明

（1）选择安装位置：根据需要，选择一个合适的位置安装室内定向天线，通常是在需要增强信号的区域。

（2）准备工具和材料：准备所需的工具，如螺丝刀、扳手等，以及安装所需的天线支架、螺栓等。

（3）确定信号增强区域：根据信号需求，确定室内定向天线可以提供有效信号增强的区域。

（4）标记安装点：用标记工具（如铅笔）在安装位置上标记出室内定向天线的安装点和螺栓孔的位置。

（5）安装底座：拧开天线底座，将天线底座固定在标记的位置上，天线底座内有磁条，可直接吸附在带有金属的天花板上。

（6）连接天线：将室内定向天线连接到底座上的接口，拧紧天线，确保连接牢固稳定。

（7）调整定向角度：根据需求，调整室内定向天线的角度，以便最大程度地接收和传输信号。

（8）连接信号放大器或设备：根据需要，将室内定向天线的连接接口连接到信号放大器或其他设备上。

030703 室外全向天线安装

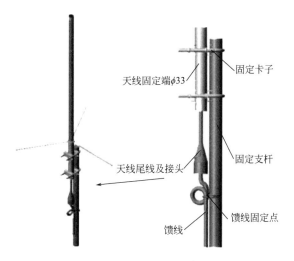

天线固定端φ33

固定卡子

天线尾线及接头

固定支杆

馈线固定点

馈线

室外全向天线安装示意图

室外全向天线实物图

施工工艺说明

（1）选择安装位置：选择一个高处且开阔的位置，避免高楼、大树等物体遮挡信号。同时，确保天线安装的位置能够方便连接到信号接收设备。

（2）准备工具和材料：准备好所需的设备和安装配件，包括螺丝刀、螺母、螺栓、支架、电缆、电缆固定件、封胶、绝缘胶带等。

（3）安装支架：天线的各类支撑件应结实牢固，铁杆要垂直，横杆要水平，所有铁件材料都应做防锈处理，主天线支架的螺栓（包括膨胀螺栓、避雷针连接螺栓、接地螺栓等）必须进行涂防锈漆，防水防锈。

（4）连接电缆：将射频电缆连接到天线的接口上。确保连接牢固，一般会使用螺栓、螺母或快速连接器。

（5）固定天线：天线必须牢固地安装在其支撑件上。天线与跳线的接头应做防水处理，连接天线的跳线要求做一个"滴水弯""滴水弯"处套管的最低处需开出水孔（防止套管内积水）。连接天线的跳线要求有10～15cm直出。室外馈线应采用套管（PVC或者铁管等）保护。

（6）电缆管理：将电缆沿着支架或墙壁进行整理，使用电缆固定件将其固定，避免电缆杂乱。

（7）防水处理：使用封胶或绝缘胶带将连接部分密封，以防止水分渗入并影响信号质量。确保连接部分完全密封。

030704 避雷器安装

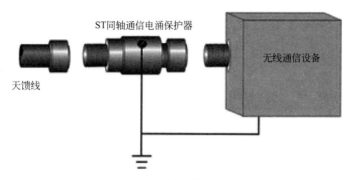

ST同轴通信电涌保护器

天馈线

无线通信设备

避雷器安装示意图

避雷器实物图

施工工艺说明

（1）选择安装位置：避雷器安装位置一般靠近中继台。

（2）安装避雷器：避雷器两端口不分极性，可随意串接在同轴电缆上，需确保避雷器安装稳固，使用适当的支架和固定件。

（3）引下线安装：避雷器上配备的接地线（黑色），可与建筑物的防雷线相连，若当地土质湿度较大时，要单独用角钢设置接地点，或在条件不具备时，要接在供水系统的金属管道上。

第八节 • 一卡通系统

1. 考勤机

030801 指纹式考勤机壁装

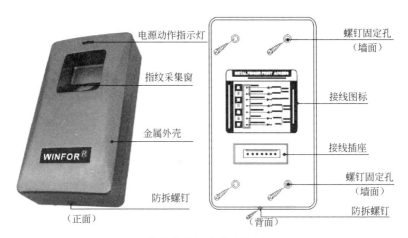

电源动作指示灯

指纹采集窗

金属外壳

WINFOR®

防拆螺钉

（正面）

螺钉固定孔
（墙面）

接线图标

接线插座

螺钉固定孔
（墙面）

防拆螺钉

（背面）

指纹考勤机安装示意图

施工工艺说明

（1）选择安装位置：选择一个方便员工使用且不易受到干扰的位置。通常安装在办公室、工作区域或入口处。

（2）准备安装设备：提前购买合适型号的指纹式考勤机，并确保配备了所需的电缆、支架、螺栓等安装所需的部件。

（3）安装支架：将定位纸直接贴在墙上，在标记处打孔；然后将膨胀螺管插入孔内，把膨胀螺栓从膨胀螺管中取出，用膨胀螺栓固定在墙上。

（4）使固定支架对准孔放好，使膨胀螺栓穿过固定支架的4个孔拧入膨胀螺管中。

（5）连接电源：将考勤机连接到电源插座。确保使用符合安全标准的电源线。

（6）连接网络：如果考勤机需要连接网络，通过网线将其连接到局域网中，确保网络连接稳定。

（7）固定考勤机：将考勤机安装在预定的支架上，并使用螺栓等工具将其稳固固定，确保考勤机放置稳定且垂直。

（8）连接电缆：将电源线、网络线等连接到考勤机的相应接口上，确保连接牢固。

030802 脉冲式考勤机壁装

脉冲考勤机实物图

施工工艺说明

（1）选择安装位置：选择一个方便员工使用且不易受到干扰的位置。通常安装在办公室、工作区域或入口处。

（2）准备安装设备：提前购买合适型号的脉冲式考勤机，并确保配备了所需的电缆、支架、螺栓等安装所需的部件。

（3）安装支架：依照固定铁板（随机标配）的螺栓孔位，在要挂考勤机的墙壁区域定位好四个孔。然后用工具分别把定位好的四个孔位分别打成合适的孔（孔的大小要和标配的螺栓吻合）。将固定铁板放到打孔区域的合适位置，再分别将螺栓钉入孔位内，并紧固。

（4）使固定支架对准孔放好，使膨胀螺栓穿过固定支架的4个孔拧入膨胀螺管中。

（5）连接电源：将考勤机连接到电源插座，确保使用符合安全标准的电源线。

（6）连接网络：如果考勤机需要连接网络，通过网线将其连接到局域网中，确保网络连接稳定。

（7）固定考勤机：将考勤机安装在预定的支架上，并使用螺栓等工具将其稳固固定，确保考勤机放置稳定且垂直。

（8）连接电缆：将电源线、网络线等连接到考勤机的相应接口上，确保连接牢固。

030803 一体式考勤机壁装

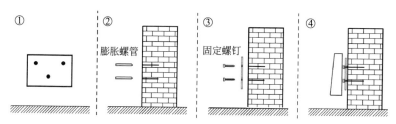

一体式考勤机安装示意图

一体式考勤机实物图

施工工艺说明

（1）选择安装位置：选择一个方便员工使用且不易受到干扰的位置。通常安装在办公室、工作区域或入口处。

（2）准备安装设备：提前购买合适型号的一体式考勤机，并确保配备了所需的电缆、支架、螺栓等安装所需的部件。

（3）安装支架：依照固定铁板（随机标配）的螺栓孔位，在要挂考勤机的墙壁区域定位好四个孔。然后用工具分别把定位好的 4 个孔位分别打成合适的孔（孔的大小要和标配的螺栓吻合）。将固定铁板放到打孔区域的合适位置，再分别将螺栓钉入孔位内，并紧固。

（4）使固定支架对准孔放好，使膨胀螺栓穿过固定支架的 4 个孔拧入膨胀螺管中。

（5）连接电源：将考勤机连接到电源插座，确保使用符合安全标准的电源线。

（6）连接网络：如果考勤机需要连接网络，通过网线将其连接到局域网中，确保网络连接稳定。

（7）固定考勤机：将考勤机安装在预定的支架上，并使用螺栓等工具将其稳固固定，确保考勤机放置稳定且垂直。

（8）连接电缆：将电源线、网络线等连接到考勤机的相应接口上，确保连接牢固。

030804 人脸识别考勤机壁装

人脸识别考勤机实物图

施工工艺说明

(1) 选择安装位置：选择一个方便员工使用且光线充足的位置，通常安装在入口处或工作区域。

(2) 准备安装设备：提前购买适合的人脸识别考勤机，并确保配备了所需的电缆、支架、螺栓等安装所需的部件。

(3) 安装支架：在墙上张贴开孔图（粘贴时保持箭头方向向上，且边缘距地面110cm），按开孔图的提示在墙壁上钻四个螺栓，并将配件中的膨胀胶塞钉入钻孔中用于固定支架，然后根据支架安装位置布线。然后将布好的电源线、网线等从支架上的出线孔穿出来，然后移动支架，让支架上的四个孔同墙壁上开的孔位置对齐，然后用配件中的自攻螺钉将支架固定于墙上。

(4) 连接电源和网络：将考勤机连接到电源插座，并确保使用符合安全标准的电源线。如果考勤机需要连接网络，通过网线将其连接到局域网中，确保网络连接稳定。

(5) 固定考勤机：将终端背面的支架插槽对准支架上的支架/壳体挂钩并插入，让卡槽与挂钩互相卡稳，然后将支架与终端底部的支架/机身螺栓孔用螺栓拧紧。

(6) 连接电缆：将考勤机的电缆连接到电源和网络接口，确保连接牢固。

2. 消费机及控制设备

030805 消费机安装

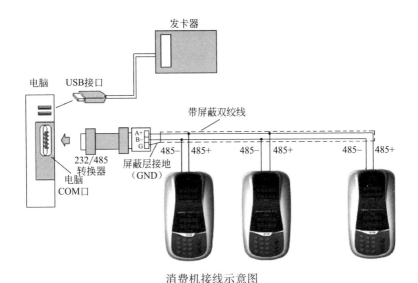

消费机接线示意图

施工工艺说明

　　将232/485转换器配套的串口通信线一端的串口接在电脑主机上，将九针串口通信线的水晶头接头接在232/485转换器的RS-485/422端口上；将消费机的通信线的水晶头接头接在232/485转换器的RS-232通信端口中，然后摆放在桌面即可。

030806 控制器安装

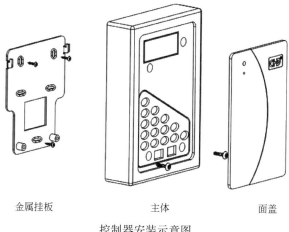

金属挂板　　　　　　　　主体　　　　　　　　面盖

控制器安装示意图

控制器实物图

施工工艺说明

　　（1）将控制器铁盒水平摆在需要安装的墙面高度上，并在墙面上按铁盒四个安装孔做好打孔标记。

　　（2）在做好标记的安装孔墙面上，用冲击钻打出四个安装孔，并打上安装橡胶塞。

　　（3）将铁盒摆正，拧上四枚固定螺栓，将铁盒固定牢固。

第九节 • 五方对讲系统

1. 电话机

030901 轿厢通话器安装

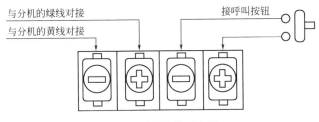

与分机的绿线对接
与分机的黄线对接
接呼叫按钮

轿厢通话器接线示意图

轿厢通话器实物图

施工工艺说明

　　打开电梯轿厢的操作面板，先将黄绿线接入（和分机相连接的）随行电缆，再将两条红线接入呼叫按键的两个接线柱，然后将轿厢通话器用螺栓钉固定到操作盘背面，要求轿厢通话器安装稳固，喇叭与麦克风与电梯传声孔相对应，两者之间不能有任何屏蔽物和间隙。

030902 轿厢电话机安装

轿厢电话机实物图

施工工艺说明

（1）安装电话的位置：通常选择在墙上或墙角位置，离地面高度一般为 1.2～1.5m。

（2）准备所需工具和材料：准备好安装电话机所需的工具和材料，包括螺丝刀、螺栓、电缆线等。

（3）安装电话机底座：测量好电话机背后螺栓位置。在合适位置的墙上做好标记，在标记上打眼，放入膨胀螺栓将底座固定在墙壁上。

（4）连接电话线和电源线：电话机可以通过轿厢内的电源系统供电，也可以使用独立的电源适配器。如果使用轿厢内的电源系统供电，需要将电话机的电源线连接到轿厢内的电源线路上。然后，需要将电话机与电源系统连接，将电话机中的电话线插入轿厢内的电话线路插座中即可。

（5）安装电话机：将电话机放置在底座上，确保电话机与底座连接紧密，不会晃动。

030903 机房电话安装

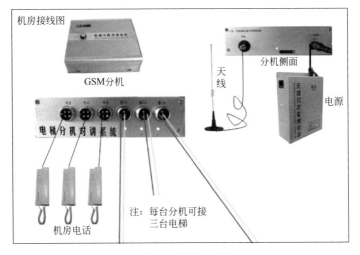

机房电话接线示意图

施工工艺说明

将机房电话接入电梯分机对讲设备箱中即可。

030904 总线对讲主机

总线对讲主机实物图

施工工艺说明

　　总线对讲主机安装在适当位置。天线头尽量安装在室外空旷处，同轴电缆必须拉直不能打折，同轴电缆连接头同对讲主机天线插口连接。把12V的UPS电源插在对讲主机电源接口上，打开电源，观察电源上的指示灯是否变亮，总线对讲主机侧面的指示灯是否变亮，都已变亮表面对讲主机处于正常工作状态，拿起话筒就可以和各电梯进行通话。

2. 控制设备

030905 UPS 电源安装

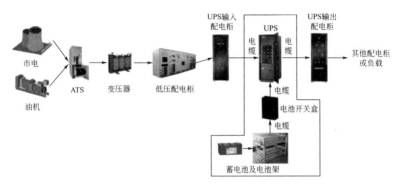

UPS 电源接线示意图

UPS 电源实物图

施工工艺说明

（1）选择合适的位置：选择一个干燥、通风良好的室内位置，远离水源和易燃物。

（2）准备所需工具和材料：准备好安装UPS电源所需的工具和材料，包括螺丝刀、螺栓、电缆线等。

（3）安装电池：安放UPS的机架组装应横平竖直，水平度、垂直度允许偏差不应大于1.5‰，紧固件应齐全。根据UPS电源的使用说明，打开电池仓，并将电池正确安装在电池仓内。确保电池连接牢固，不会晃动。

（4）连接设备：使用电缆线将UPS电源的输出插口与需要供电的设备连接起来。根据设备需要，可能需要使用适配器或扩展插头。

（5）连接输入电源：引入或引出UPS装置的主回路电线、电缆和控制电线、电缆应分别穿保护导管保护；将输入电源线连接到UPS电源的输入插口。注意：输入电源线应插入到市电插座上，并确保市电供电正常。

（6）电缆接头制作：封闭严密，填料灌注饱满，无气泡，芯线连接紧密，绝缘带包扎紧密，表面光滑，无裂纹，锥体坡度均匀。电缆头安装、固定牢靠，相序正确、标志准确清晰。UPS输出端的中性线（N），必须与接地装置直接引来的接地干线相连接，做重复接地；引入或引出UPS的电缆屏蔽护套应接地连接可靠，与接地干线就近连接，紧固件齐全。电池柜根据要求安装牢固，电池连线正确、可靠，电池线标注清晰。

第十节 • 周界防范系统

1. 中心设备

031001 报警主机安装

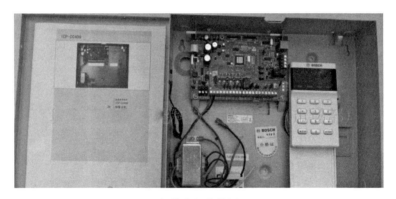

报警主机实物图

施工工艺说明

（1）确定安装位置：报警主机应安装在通风良好、干燥、无尘、避免阳光直射的地方，方便监控区域的覆盖，并且方便布线和维护。

（2）固定安装底座：将报警主机的安装底座固定在墙壁上，安装在适当的高度，确保底座稳固牢固。

（3）连接线缆：从机箱上拆下电路板，防止在敲击预制孔时损坏电路板；敲开机箱上的预孔；在墙面上标出安装螺栓孔位；装上机箱，将电缆穿过预制孔；装入电路板，要注意在电路板的左下角上地线焊片；再将接线片连接到机箱门下部合页处，使箱门接地。

（4）连接报警设备：根据需要安装的报警设备类型（如红外探测器、门磁等），将报警设备与报警主机进行连接。一般使用导线或无线连接方式，并根据具体设备的接线说明进行正确连接。

（5）连接报警输出设备：根据报警主机的需要，可以连接警铃、警号、电子锁等报警输出设备，同样根据设备的接线说明进行正确连接。

031002 报警主机机箱安装

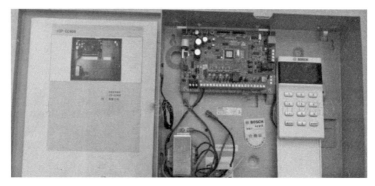

报警主机机箱实物图

施工工艺说明

（1）确定安装位置：报警控制箱安装位置、高度应符合设计要求，安装于较隐蔽或安全的地方，底边距地宜为 1.4m。

（2）安装机箱：暗装报警控制箱时，箱体框架应紧贴建筑物表面。严禁采用电焊或气焊将箱体与预埋管焊在一起。管入箱应用锁母固定；明装报警控制箱时，应找准标高，进行钻孔，埋入金属膨胀螺栓进行固定。箱体背板与墙面平齐。

（3）安装报警主机：将报警主机放入机箱中，根据机箱和主机的规格要求，使用合适的固定件固定报警主机。通常是用螺栓将主机的底部安装孔和机箱上的固定孔进行固定连接。

（4）连接电线：将报警主机的电源线连接到机箱底座上的电源插座中；确保插头和插座匹配，电源连接牢固。报警控制箱的交流电源应单独敷设，严禁与信号线或低压直流电源线穿在同一管内。

（5）连接报警设备：根据需要，将报警设备如红外探测器、门磁等连接到报警主机。具体连接方式根据设备和主机的接口进行连接，可以是有线或无线连接。

（6）连接报警输出设备：根据需要，将报警输出设备如警铃、警号等连接到报警主机，同样根据设备和主机的接口进行连接。

（7）连接网络线（可选）：如果报警主机支持网络连接，根据需要连接网络线到主机的网络接口，确保网络接口连接稳固。

（8）安装和固定其他配件：根据需要安装和固定其他报警主机配件，如喇叭、LED 指示灯等。

2. 前端设备

031003 红外对射探测器安装

◆安装高度

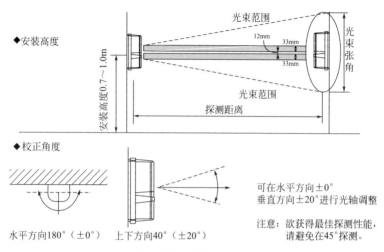

光束范围

光束张角

光束范围

探测距离

安装高度0.7~1.0m

12mm

33mm

33mm

◆校正角度

水平方向180°（±0°）　　上下方向40°（±20°）

可在水平方向±0°
垂直方向±20°进行光轴调整

注意：欲获得最佳探测性能，
请避免在45°探测。

红外对射探测器安装示意图

红外对射探测器施工现场图

施工工艺说明

（1）确定安装位置：选择合适的安装位置，通常是在需要监测的区域两侧，保证红外对射探测器能够正常覆盖需要监测的区域。

（2）进行固定：松开锁盖螺栓并卸下前盖；将附带的安装孔对位图纸粘贴在目标墙上，按其孔位打2个安装孔；将膨胀管砸入两个安装孔内并安装附带螺栓使其固定。

（3）连接线缆：取出海绵塞，将预埋线从安装孔内穿出，适当留取约10cm线长，以备接线，再把海绵塞塞入原位；端口连接并射束校正；检查操作，最后装回前盖并拧紧锁盖螺栓。

（4）进行调整：根据实际需要，调整红外对射探测器的角度和高度。通常红外对射探测器需要保持水平放置，并且保证光束之间没有障碍物。

（5）连接警号或报警主机：根据需要，将红外对射探测器与警号或报警主机进行连接，以便在探测到异常时触发警报或报警信号。

031004 立式光栅探测器落地安装

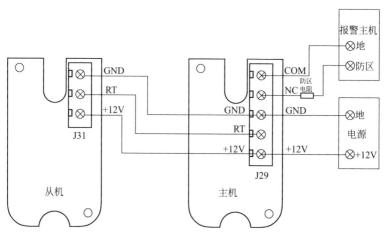

立式光栅探测器接线示意图

立式光栅探测器施工现场图

施工工艺说明

（1）确定安装位置：选择合适的安装位置，通常是需要监测通行的出入口或门廊等区域。

（2）进行固定：将四个安装座安装孔位分别在安装面上做上标识，保证发射接收互相对准、平行；红外互射光栅探测器有接线柱的一端为安装下端，另一端为上端；将红外互射光栅的上、下固定孔位用高度定位螺钉拧紧在钢型材支架的安装槽内；将线经红外互射光栅下固定孔位进线口穿进连接在探测器接线柱相应的孔位。

（3）连接电源：将探测器的电源线连接到电源接口，确保接触良好，注意电源线的正负极连接正确。

（4）进行调整：将发射端与接收端安装座上紧固螺栓拧紧，然后将上下安装座防护盖盖好，根据实际需要，调整立式光栅探测器的角度和高度。通常探测器需要保持垂直放置，使红外光束能够准确覆盖需要监测的区域。

（5）连接警号或报警主机：根据需要，将立式光栅探测器与警号或报警主机进行连接，以便在探测到异常时触发警报或报警信号。

（6）用干净布清洁红外光栅外壳，确保光线的透光性。

031005 互射式红外光束探测器安装

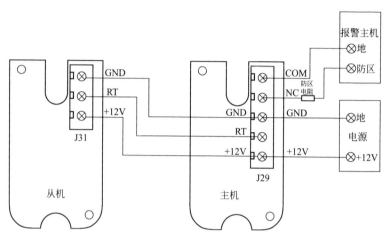

互射式红外光束探测器接线示意图

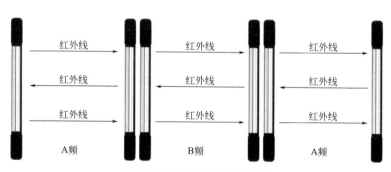

互射式红外光束探测器现场图

施工工艺说明

(1) 确定安装位置：选择合适的安装位置，通常是需要监测遮挡区域的出入口或门廊等区域。

(2) 进行固定：将互射式红外光束探测器的支架或底座固定在墙壁或安装位置上，使用螺栓等固定物保证安装稳固。探测器必须垂直安装，墙壁很可能貌似平滑，实际存在凹凸或因外界温度（如雨季、冬季）的变化发生变化。安装者必须保证探测器不能受这些环境的影响。

(3) 连接电源：将探测器的电源线连接到电源接口，确保接触良好，注意电源线的正负极连接正确。

(4) 连接发射器和接收器：安装互射式红外光束探测器时需要同时安装发射器和接收器。将发射器和接收器安装在对应的位置上，确保光束能够相互射击。

(5) 进行调整：根据实际需要，调整互射式红外光束探测器的角度和高度。确保发射器和接收器的光束对准，光束不受遮挡。

(6) 连接警号或报警主机：根据需要，将互射式红外光束探测器与警号或报警主机进行连接，以便在探测到异常时触发警报或报警信号。

(7) 进行测试：安装完成后，对互射式红外光束探测器进行功能测试。可以通过手动遮挡光束中的某个部分，观察报警是否正常。

031006 立式红外光墙安装

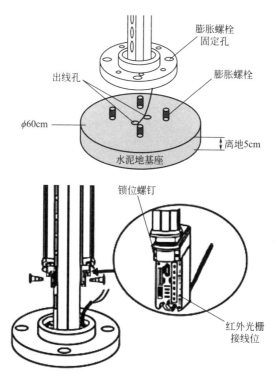

立式红外光墙安装示意图

贴墙型　　落地型　　灯饰型　　灯饰型

立式红外光墙实物图

施工工艺说明

（1）确定安装位置：选择合适的安装位置，通常是需要监测通行的出入口或门廊等区域。

（2）进行固定：将红外互射光栅的上、下固定孔位用高度定位螺钉拧紧在钢型材支架的安装槽内；注意拧入力度不能太大，以免划丝。然后线经红外互射光栅下固定孔位进线口穿进连接在探测器接线柱相应的孔位。注意：安装时红外互射光栅探测器有接线柱的一端为安装下端，另一端为上端，不能上下颠倒安装（尽可能离底盘高些，以避开雨水浸入）。

（3）连接电源：将红外光墙的电源线连接到电源接口，确保接触良好，注意电源线的正负极连接正确。

（4）进行调整：根据实际需要，调整立式红外光墙的角度和高度。确保光墙的红外光束能够准确覆盖需要监测的区域。

（5）连接警号或报警主机（可选）：根据需要，将立式红外光墙与警号或报警主机进行连接，以便在探测到异常时触发警报或报警信号。

（6）用干净布清洁红外光栅外壳，确保光线的透光性。

（7）进行测试：安装完成后，对立式红外光墙进行功能测试。可以通过手动遮挡其中某个传感器，观察报警是否正常。

031007 电子围栏安装

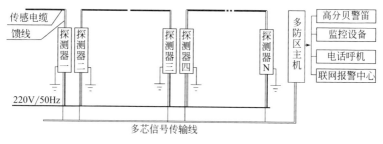

电子围栏安装示意图

电子围栏施工现场图

施工工艺说明

（1）安装围栏支柱：根据布设规划，安装围栏支柱，通常使用混凝土基础来增加围栏支柱的稳定性。确保支柱的间距均匀，固定牢固。

（2）安装围栏主机：将电子围栏主机安装在合适的位置，通常是在布设围栏附近的墙壁或柱子上，确保安装稳固。

（3）连接电源：将电子围栏主机的电源线连接到合适的电源接口上，确保接触良好，注意电源线的正负极连接正确。

（4）布设围栏线缆：根据围栏布设规划，将围栏线缆从支柱顶部穿过，并严密固定在支柱上，确保围栏线缆牢固且不松动。

（5）连接线缆：将围栏线缆连接到电子围栏主机的对应接口上，确保连接良好。有些电子围栏系统可能需要配置更多的连接线和接口，根据具体安装要求进行连接。

（6）进行测试和调试：安装完成后，进行围栏系统的测试和调试，确保围栏的正常工作。测试时可以使用测试装置模拟围栏线缆受到触碰触发报警的情况。

031008 泄漏电缆安装

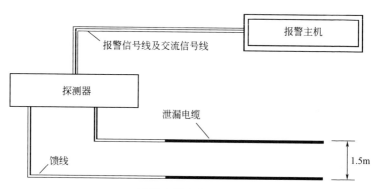

泄漏电缆安装示意图

施工工艺说明

（1）安装报警装置：单机的警戒区域边界长为100m，两根泄漏电缆平行安置间距为1～3m（建议1.5m），埋设深度可根据介质情况而定：一般水泥地埋深3～7cm，泥土地埋深10cm左右。报警装置可以是安装在电缆周围的传感器或探测器，以检测是否有人或物体接触电缆。

（2）连接报警装置：将报警装置与警报控制器或警报中心进行连接。这样，当报警装置发出信号时，警报中心可以及时接收到警报并采取相应的行动。

3. 传输设备

031009 双防区模块安装

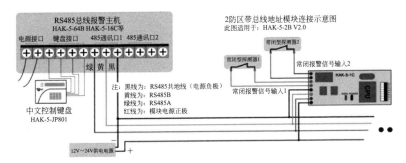

双防区模块接线示意图

施工工艺说明

　　接线说明：如果和报警主机共用电源，将"红、绿、黄、黑"4芯线分别与主机的"红、绿、黄、黑"4端子相连；如果和报警主机不共用电源，将"绿、黄、黑"3芯线分别与主机的"绿、黄、黑"3端子相连，将"红、黑"2芯线与自己的电源正、负极相连。

031010 单防区模块安装

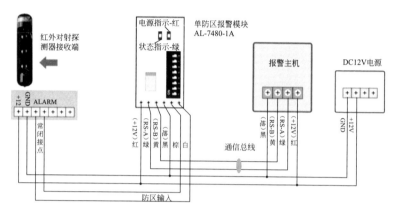

单防区模块接线示意图

施工工艺说明

　　RS485 总线均使用大于 2×1.0mm 的屏蔽双绞线进行布线；MT1-1 连接到模块中的 RS485 总线上的单段距离长度应小于 1200m；模块中的单条 RS485 总线在布线时应尽量避免分支布线；每个模块最多可以连接 120 个 RS485 终端设备；同一个模块下的 MT1-1 或其他的 RS485 终端设备地址不能重复；当 MT1-1 为 RS485 总线的末端设备时，RS485A 和 RS485B 之间应并联一个 120Ω 的终端电阻。

031011 网络接口模块安装

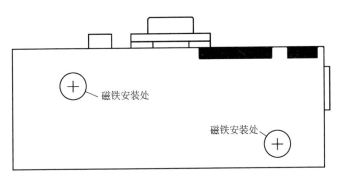

网络接口模块安装示意图

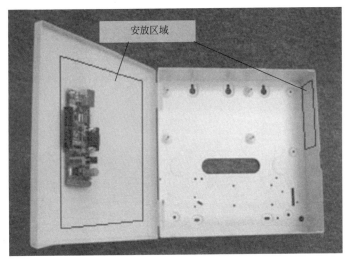

网络接口模块实物图

施工工艺说明

　　将磁铁安装在模块背面磁铁安装处，再吸附在控制箱侧面即可。

031012 总线扩展模块安装

总线扩展模块实物图

施工工艺说明

（1）使用左上角和右下角的安装孔，可将模块安装于控制主机内或主机外。

（2）连接主机内的模块和远程装置与模块。

注：布线前，应确保所有导线未通电。

（3）如果导线要穿过外壳后面板的话，则打开模块的后面板导线入口；如果要沿着外壳表面布线的话，则打开模块的表面导线入口。

（4）将模块的电源接点与模块的多路电源端子连接；将模块的总线接点与模块的多路总线端子连接。

第十一节 ● 车辆拦截系统

1. 进出口闸机

031101 栅栏挡车器安装

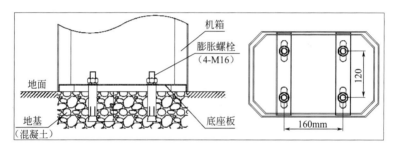

栅栏挡车器安装示意图

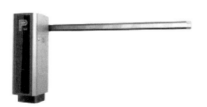

栅栏挡车器实物图

施工工艺说明

（1）确定挡车器的安装位置：根据实际需要，确定需要安装挡车器的位置。通常安装在入口区域或需要控制车辆通行的区域。

（2）准备安装材料和工具：准备好所需的挡车器和安装配件，例如支架、螺栓、膨胀螺栓等。同时，需要准备安装所需的工具，如电钻、扳手、螺丝刀等。

（3）闸机固定：用铅笔在固定孔上画好固定螺栓的位置，将道闸移开用 $\phi 14$ 的冲击钻头打好固定螺栓，再用 $\phi 12$ 膨胀螺栓固定闸机，每个螺栓上一定要加装垫片和簧垫。

（4）闸机接线：尺量线到机箱接线端子长度，除安装所需的长度，另外留出 1m 余量的线；用压线钳把套上线鼻子的线压好，再把压上线鼻子的线依照接线图接到机箱端子上；安装闸机一定要将电源与控制线、通信线分开布设在 $\phi 25$ 的 PVC 线管。

（5）调整挡车器的高度和角度：根据实际需要，调整挡车器的高度和角度，使其能够有效阻止车辆通过，确保挡车器安装后处于稳定的位置。

031102 液压升降柱安装

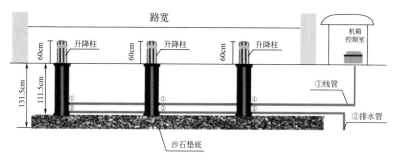

液压升降柱安装示意图

液压升降柱施工现场图

施工工艺说明

(1) 准备工作：确认所需安装位置，并确保该位置具备足够的支撑能力和空间。清理安装区域，确保无障碍物。

(2) 安装底座：将液压升降柱的底座固定在所需安装位置上。底座一般会有预留的螺孔或者卡槽，使用螺栓或固定夹将其稳固固定在地面或其他支撑物上，底座间距建议为1.0~1.2m。

(3) 安装液压柱体：将液压柱体与底座连接。柱体通常有螺纹孔或插销孔，用于固定。（注意：在安装过程中要小心控制液压柱体的下降速度，以免引起意外伤害。）

(4) 连接管路：根据液压升降柱的设计，将液压管路与柱体上的接口连接起来。确保接口处没有漏气或漏油。

(5) 测试调试：安装完成后，进行液压升降柱的测试和调试。通过控制系统，检查升降柱的升降动作是否正常，是否能达到预期高度，以及是否存在异常情况。

031103 出入口控制机安装

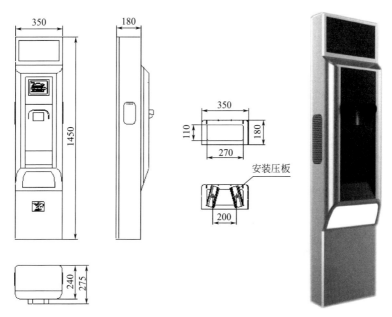

出入口控制机安装示意图及实物图

施工工艺说明

（1）确定安装位置：根据实际需要，确定需要安装出入口控制机的位置。一般安装在场所的主要出入口区域，例如门口、车辆道口等地方。

（2）准备安装材料和工具：准备好所需的出入口控制机及配件，例如读卡器、控制器、电源等。同时，需要准备安装所需的工具，如电钻、电线切割器、扳手等。

（3）安装控制器和读卡器：根据控制器和读卡器的设计和要求，将其安装在合适的位置上。通常需要将控制器和读卡器进行固定，通过螺栓、支架或其他连接件进行连接。

（4）连接电源和网络：根据出入口控制机的要求，将电源线和网络线连接到相应的接口上，确保电源和网络连接正确并稳定。

（5）安装出入口控制机：采用压板安装固定，打地脚安装孔时尽量在宽度方向的中间位置，长度方向两地脚螺栓距离控制在200mm左右。

2. 识别设备

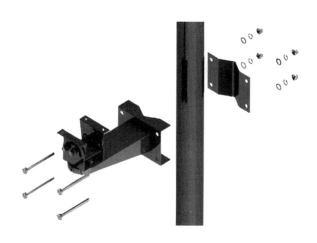

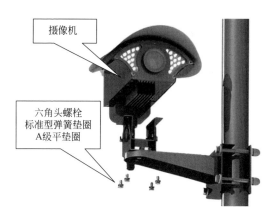

摄像机

六角头螺栓
标准型弹簧垫圈
A级平垫圈

抱杆式摄像机安装示意图及现场图

施工工艺说明

（1）确定安装位置：根据实际需要和监控要求，确定需要安装抱杆式摄像机的位置。一般选择在车库出入口。

（2）准备安装材料和工具：准备好所需的抱杆式摄像机及安装配件，例如抱杆支架、螺栓、螺栓等。同时，需要准备安装所需的工具，如电钻、螺丝刀、扳手等。

（3）安装抱杆支架：根据摄像机和支架的设计要求，安装抱杆支架。通常需要将支架用螺栓或螺栓固定在立杆上，确保支架稳固。

（4）安装摄像机：将摄像机安装在抱杆支架上，并通过螺栓或其他连接件进行固定。根据摄像机的调整机构，调整摄像机的角度和方向，以满足监控需求。

（5）连接电源和网络：根据摄像机的要求，将电源线和网络线连接到摄像机的接口上，确保电源和网络连接正确并稳定。

031105 立柱式摄像机安装

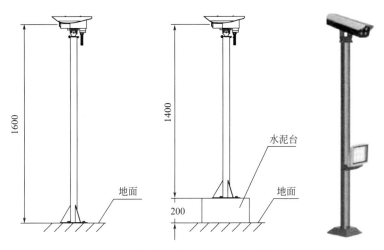

立柱式摄像机安装示意图及现场图

施工工艺说明

(1)确定安装位置：根据实际需要和监控要求，确定需要安装立柱式摄像机的位置。一般选择在车库出入口。

(2)准备安装材料和工具：准备好所需的立柱式摄像机及安装配件，例如立柱、底座、抱杆支架、螺栓等。同时，需要准备安装所需的工具，如电钻、螺丝刀、扳手等。

(3)安装立柱和底座：按照立柱和底座的设计要求，将底座固定在地面上，然后将立柱与底座连接，确保立柱稳固地固定在地面上。

(4)安装摄像机：将摄像机安装在立柱上，并通过螺栓或其他连接件进行固定。根据摄像机的调整机构，调整摄像机的角度和方向，以满足监控需求。

(5)连接电源和网络：根据摄像机的要求，将电源线和网络线连接到摄像机的接口上，确保电源和网络连接正确并稳定。

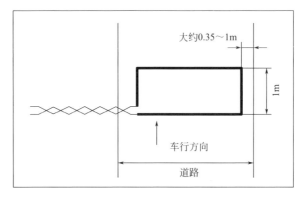

矩形地感线圈埋地安装示意图

矩形地感线圈埋地安装施工现场图

施工工艺说明

（1）确定安装位置：根据实际需要和交通管理要求，确定需要安装地感线圈的位置。一般选择在需要检测车辆的通行区域或交通信号灯控制区域等地方。

（2）准备工具和材料：准备好所需的工具，如挖掘工具、电钻、扳手等，并准备好地感线圈及配套材料，如接线盒、电缆等。

（3）挖掘地面：根据地感线圈的尺寸和要求（矩形线圈两条长边与金属物运动方向垂直，宽度推荐为 1m 以上；长边的长度取决于道路的宽度，通常两端比道路间距窄 0.3～1m）。使用挖掘工具在安装位置上的地面下挖掘一个适当大小的孔洞，确保孔洞深度能够容纳地感线圈和相关设备。

（4）安装地感线圈：将地感线圈放置在挖掘的孔洞中，并通过固定材料，如混凝土或胶水将其固定在地面下。确保地感线圈位于理想的位置，并与地面平齐。

（5）连接电缆：将地感线圈的电缆引出地下，并通过接线盒或接头与其他设备的电缆进行连接。确保电缆连接良好、接头防水，以确保电信号的稳定传输。

031107 倾斜45°地感线圈埋地安装

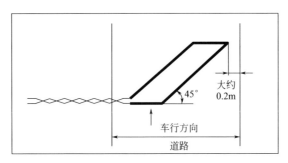

倾斜45°地感线圈埋地安装示意图

施工工艺说明

（1）确定安装位置：根据实际需要和交通管理要求，确定需要安装地感线圈的位置。一般选择在需要检测车辆的通行区域或交通信号灯控制区域等地方。

（2）准备工具和材料：准备好所需的工具，如挖掘工具、电钻、扳手等，并准备好地感线圈及配套材料，如接线盒、电缆等。

（3）挖掘地面：根据地感线圈的尺寸和要求（在某些情况下需要检测自行车或摩托车时，可以考虑线圈与行车方向倾斜45°安装。倾斜边长要根据实际工程来定长短。最少要保证1m以上。建议最好采用所有线圈形状都做成倾斜45°）。使用挖掘工具在安装位置上的地面下挖掘一个适当大小的孔洞，确保孔洞深度能够容纳地感线圈和相关设备。

（4）安装地感线圈：将地感线圈放置在挖掘的孔洞中，并通过固定材料，如混凝土或胶水将其固定在地面下。确保地感线圈位于理想的位置，并与地面平齐。

（5）连接电缆：将地感线圈的电缆引出地下，并通过接线盒或接头与其他设备的电缆进行连接。确保电缆连接良好、接头防水，以确保电信号的稳定传输。

031108 8字形地感线圈埋地安装

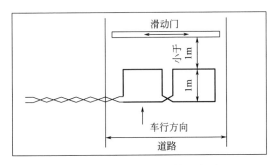

8字形地感线圈埋地安装示意图

施工工艺说明

（1）确定安装位置：根据实际需要和交通管理要求，确定需要安装地感线圈的位置。一般选择在需要检测车辆的通行区域或交通信号灯控制区域等地方。

（2）准备工具和材料：准备好所需的工具，如挖掘工具、电钻、扳手等，并准备好地感线圈及配套材料，如接线盒、电缆等。

（3）挖掘地面：在某些情况下，路面较宽（超过 6m）而车辆的底盘又太高时，可以采用此种安装形式以分散检测点，提高灵敏度。使用挖掘工具在安装位置上的地面下挖掘一个适当大小的孔洞，确保孔洞深度能够容纳地感线圈和相关设备。

（4）安装地感线圈：线圈槽切割好，并及时埋设线圈，防止杂物掉入槽内；在清洁的线圈及引线槽底部铺一层 0.5cm 厚的细砂；在线圈槽中按顺时针方向放入 4～6 匝（圈）电线，线圈面积越大匝（圈）数越少；放入槽中的电线应松弛，不能有应力，而且要一匝一匝地压紧至槽底；线圈的引出线按顺时针方向双绞放入引线槽中，在安全岛端出线时留 1.5m 长的线头；线圈及引线在槽中压实后，最好上铺一层 0.5cm 厚的细砂，可防止线圈外皮被高温熔化；用熔化的硬质沥青或环氧树脂浇筑已放入电线的线圈及引线槽；冷却凝固后槽中的浇筑面会下陷，继续浇筑，这样反复几次，直至冷却凝固后槽的浇筑表面与路面平齐；测试线圈的导通电阻及绝缘电阻，验证线圈是否可用。

（5）连接电缆：将地感线圈的电缆引出地下，并通过接线盒或接头与其他设备的电缆进行连接。确保电缆连接良好、接头防水，以确保电信号的稳定传输。

031109 地磁检测器安装

地磁检测器现场图

施工工艺说明

（1）定位：确定地磁检测器的安装位置。通常，地磁检测器安装在地面上，最好是在停车位的中央位置或车辆进入和离开的通道上。安装位置可以参照以下四种方式：

①停车场纵向车位，前方有遮挡，将传感器装在后侧，车辆后轮轴线以外。接收器也在后侧尽量空旷的位置。

②停车场纵向车位，前方空旷，将传感器装在前侧，车辆前轮轴线以外。接收器也在前侧尽量空旷的位置。

③道路横向车位，靠路边一侧空旷，将传感器装在同侧前后轮中间，接收器在同侧人行道旁，尽量空旷。

④道路横向车位，路对面一侧空旷，将传感器装在靠路中间一侧前后轮中间，接收器在路对面人行道旁，尽量空旷。

（2）准备：清理安装位置，确保地面平坦、干净，并且没有任何障碍物阻挡。

（3）安装：在地面上打洞或者开槽，需等孔槽内干燥后，将地磁检测器放置在准备好的位置上，并使用螺栓或其他固定装置将其固定。确保地磁检测器安装稳固，不会被车辆或其他物体移动。

（4）初始化背景磁场：磁检测器在安装好后，默认的磁场状态是有磁，需要重新初始化背景磁场。具体方法是发送强迫复位指令；然后等待5min；在此期间检测器不能移动或者受到磁场干扰。

（5）连接：将地磁检测器与电源或控制系统连接。根据地磁检测器的型号和使用环境的不同，可能需要使用电源适配器、电缆等进行连接。

031110 远距离读卡器安装

远距离读卡器实物图

施工工艺说明

（1）定位：远距离读卡器的安装位置确认方法如下：

① 确保车道的宽度，以便车辆出入顺畅，车道宽度一般不小于3m，以4.5m左右为最佳；

② 读卡设备距道闸一般为3.5m，最近不小于2.5m，主要是防止读卡时车头可能触到栏杆；

③ 对于地下停车场，读卡设备应尽量摆放在比较水平的地面；

④ 对于地下停车场，道闸上方若有阻挡物则需选用折杆式道闸，阻挡物高度—1.2m即为折杆点位置。

（2）安装支架：根据读卡器的设计，选择一个合适的支架或支架系统，并将其安装在所选位置上。确保支架稳固，并且可以固定读卡器在正确的高度和角度。

（3）连接电源：将读卡器连接到电源。根据读卡器的电源要求，使用合适的电源适配器或接线盒将其与电源连接。

（4）连接网络：如果读卡器需要与网络通信，连接读卡器到网络。可以通过有线或无线连接方式实现，具体取决于读卡器的类型和网络环境。

第四章　机房工程

第一节 ● 机房装饰

1. 地面工程

040101 防尘漆的使用

防尘漆现场施工图

施工工艺说明

　　(1) 基层处理：要求原地面水泥砂浆抹平，并除去表面浮土，地面干燥。

　　(2) 滚第一遍漆：地面处理完成后，在地板漆中加入稀料调匀后即可依次滚刷在地面上。

　　(3) 刷第二遍漆：操作要求同第一遍，待第一遍漆干燥后，即可刷第二遍漆，要求覆盖第一遍。

　　(4) 所有区域完成后，检查一遍，即可进行下道工序。等活动地板铺完后，对局部污染处进行修复补刷。

040102 橡塑保温棉安装

橡塑保温棉实物图

施工工艺说明

地面水泥砂浆找平→放线定位→地面干燥后→刷地板漆→铺厚橡塑板（保温厚度依照施工图纸）→质量检查。

040103 防水乳胶漆的使用

乳胶漆施工现场图

施工工艺说明

（1）基层处理：首先检查原墙的平整度、垂直度，保证基层平整干净。隔断石膏板基层部分要进行嵌缝处理。对于泛碱、析盐的基层应先用3％的草酸溶液清洗，然后用清水冲刷干净或在基层上满刷一遍耐碱底漆。

（2）清扫：清扫飞溅乳胶，清除施工准备时预先覆盖在踢脚板、水、暖、电、卫设备及门窗等部位的遮挡物。

040104 防静电地板安装

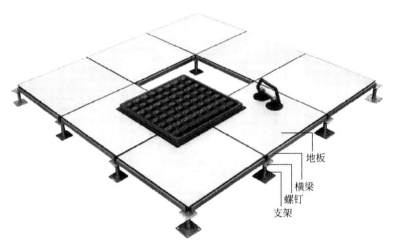

地板

横梁

螺钉

支架

防静电地板安装示意图

施工工艺说明

（1）安装地板：清洁地面→画网格线→放置支架→调准水平→横梁连接→安装地板→封边→清洁地板表面。

（2）安装支柱架：将底座摆平在支座点上，核对中心线后，安装钢支柱，按支柱顶面标高，拉纵横水平通线调整支柱活动杆顶面标高并固定。再次用水平仪逐点抄平，水平尺校准支柱托板。

040105 抗静电 PVC 地板胶敷设

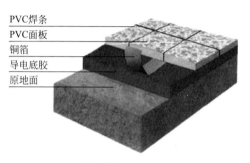

PVC焊条
PVC面板
铜箔
导电底胶
原地面

地板胶实物示意图

施工工艺说明

（1）划定基准线。

（2）应按地网布置图铺设导线铜箔网格。铜箔的纵横交叉点，应处于贴面板的中心位置。

（3）配置导电胶：将炭黑和胶水应按1：100重量比配置，并搅拌均匀。

（4）刷胶：应分别在地面、已铺贴的导电铜箔上面、贴面板的反面同时涂一层导电胶。

（5）铺贴贴面板：待涂有导电胶的贴面板晾干至不沾手时，应立即开始铺贴。铺贴时应将贴面板的两直角边对准基准线，铺贴应迅速快捷。板与板之间应留有1～2mm缝隙，缝隙宽度应保持一致。

040106 铝及铝合金风口、散流器安装

铝合金风口实物图

施工工艺说明

清洁地面→画网格线→放置支架→调准水平→横梁连接→安装风口地板→封边→清洁地板表面。

040107 地板墙面角钢支架安装

角钢支架安装示意图

施工工艺说明

地板墙角固定角钢承托抗静电地板，角钢与地板间加5厚橡胶垫。

040108 防火玻璃安装

防火玻璃实物图

施工工艺说明

（1）弹定位线

根据施工图，在室内先弹楼地面定位线，再弹结构墙面（或柱）上的位置线及顶部吊顶标高。

（2）安装框架

按位置中线钻孔，埋入膨胀螺栓。然后将型钢按已弹好的位置放好，检查水平度、垂直度合格后，随即将框格的连接件与金属膨胀螺栓焊牢。

（3）安装玻璃

将玻璃竖着插入上框槽口内，然后轻轻垂直落下，放入下框槽口内，并推移到边槽内，然后安装中间部位的玻璃。

（4）嵌封打胶

玻璃板全部就位后，校正平整度，垂直度，同时在槽两侧嵌橡胶压条，从两边挤紧玻璃，然后打硅酮结构胶，注胶应均匀注入缝隙中，并用塑料刮刀在玻璃的两面刮平玻璃胶，随即清洁玻璃表面的胶迹。

040109 墙、柱面轻钢龙骨基层安装

轻钢龙骨安装施工图

施工工艺说明

(1) 放线：设计施工图所示尺寸为中心线尺寸，由此中心线确定墙体各部分位置。

(2) 天轨、地轨、墙轨的安装，重要的是直线度、垂直度及水平度的调整。

(3) 龙骨立柱的安装：根据组合墙体表面板模数位置进行调整、固定。

(4) 门立柱安装：测定门立柱的必要长度，切去多余部分，以调整门尺寸。

(5) 表面板及压条安装：根据施工图安装表面板及压条。

040110 不锈钢踢脚线安装

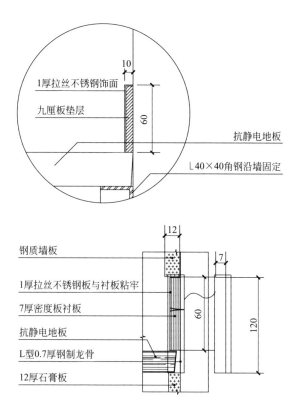

踢脚线安装示意图

施工工艺说明

（1）安装位置准确放线。

（2）墙面安装7mm厚密度板衬板。

（3）1.0mm厚不锈钢板与衬板粘牢。

040111 钢制防火门安装

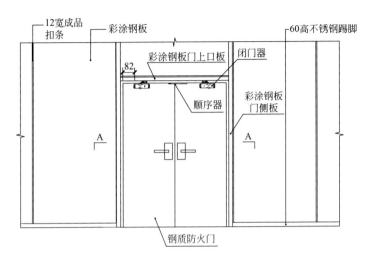

钢制防火门安装示意图

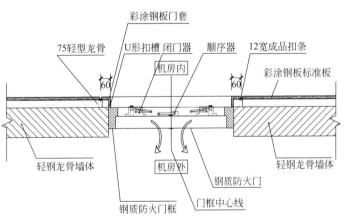

钢制防火门安装示意图

施工工艺说明

　　划线定位→门框就位→检查调整→固定门框→塞缝→安装门扇→安装五金件→清理。

2. 顶面工程

040112 吊杆安装

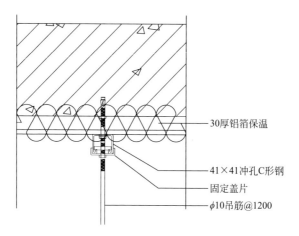

30厚铝箔保温

41×41冲孔C形钢

固定盖片

ϕ10吊筋@1200

吊杆安装示意图

吊杆实物图

施工工艺说明

定位放线→打孔→钻孔防水处理→安装吊杆。

040113 轻钢龙骨安装

轻钢龙骨安装示意图

施工工艺说明

(1) 弹标高水平线；

(2) 固定吊挂杆件；

(3) 安装边龙骨；

(4) 安装主龙骨；

(5) 安装次龙骨；

(6) 全面校正龙骨骨架。

040114 铝合金顶棚安装

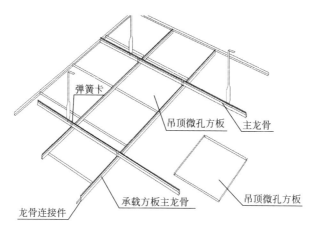

弹簧卡

吊顶微孔方板　主龙骨

龙骨连接件　承载方板主龙骨　吊顶微孔方板

铝合金顶棚安装示意图

铝合金顶棚安装实物图

施工工艺说明

　　弹线找平→安装吊杆→安装边龙骨→安装主龙骨→安装次龙骨及横撑龙骨→安装饰面板。

3. 机房墙面

040115 刮腻子

刮腻子施工示意图

施工工艺说明

　　用橡胶刮板横向满刮，一刮板接着一刮板，接头处不得留槎，每刮一刮板最后收头时，要收得干净利落。待满刮腻子干燥后，用砂纸将墙面上的腻子残渣、斑迹等打磨平整、磨光，然后将墙面清扫干净。

040116 涂乳胶漆

乳胶漆施工示意图

施工工艺说明

先将墙面仔细清扫干净，用布将墙面粉尘擦净。施涂每面墙宜按先左后右、先上后下、先难后易、先边后面的顺序进行，不得乱涂以防漏涂或涂刷过厚，操作时用力要均匀，保证不漏刷。第一遍涂料涂刷后将局部不平整处打磨，然后涂刷第二遍、第三遍涂料，由于乳胶漆膜干燥较快，应连续迅速操作，涂刷时从左端开始，逐渐涂刷向另一端，一定要注意上下顺刷相互衔接，避免出现接槎明显而再另行处理。

040117 轻钢龙骨安装

轻钢龙骨安装实物图

施工工艺说明

　　放线→安装门框→打地枕带→安装天、地龙骨→竖龙骨分档→安装竖龙骨→安装横向卡挡龙骨。

040118 保温隔声材料安装

保温隔声棉实物图

施工工艺说明

（1）墙体龙骨搭设完毕。

（2）如为轻钢龙骨隔断墙，则先完成一面隔断面板的安装。

（3）填充隔声材料：矿棉板、玻璃棉等按设计要求选用并保证厚度。

040119 彩钢板安装

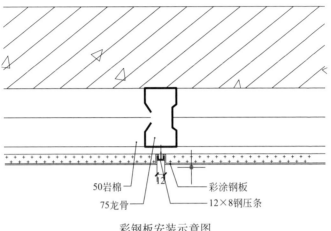

50岩棉
75龙骨
12
彩涂钢板
12×8钢压条

彩钢板安装示意图

彩钢板安装实物图

施工工艺说明

　　放线→天轨、地轨、墙轨的安装→龙骨立柱的安装→门立柱安装→表面板及压条安装。

040120 机房隔断

无框玻璃隔断墙　　　　　　　　金属包框玻璃隔断墙

施工工艺说明

（1）弹定位线：根据施工图，在室内先弹楼地面定位线，再弹结构墙面（或柱）上的位置线及顶部吊顶标高。落地无竖框玻璃隔墙还应留出楼面的饰面层的厚度。

（2）安装框架：按位置中线钻孔，埋入膨胀螺栓。然后将型钢按已弹好的位置放好，检查水平度、垂直度合格后，随即将框格的连接件与金属膨胀螺栓焊牢。

（3）安装玻璃：应按设计大样图施工，将玻璃按隔墙框架的水平尺寸和垂直高度，进行分块排布。

（4）嵌封打胶：玻璃板全部就位后，校正平整度，垂直度，同时在槽两侧嵌橡胶压条，从两边挤紧玻璃，然后打硅酮结构胶。

（5）清洁玻璃。

第二节 ● 机房环境监控系统

1. 供配电监控部分

040201 电量检测仪安装

电量检测仪实物图

施工工艺说明

（1）安装位置确定：根据实际需求确定电力仪表的安装位置，并确保能够方便观察和操作。

（2）固定支架：使用螺栓将仪表支架安装在合适的位置上，并确保固定牢固。

（3）连接导线：按照仪表说明书的要求，正确连接电源线和信号线，注意接线的正确性和牢固性。

（4）电气测试：在安装完成后，使用电气测试仪器对仪表进行测试，确保电气连接正常并符合要求。

（5）固定仪表：将电力仪表固定在支架上，并对固定部件进行检查，确保不松动。

（6）调试验证：通过对仪表进行调试验证，确认其功能正常，并进行必要的校准。

040202 隔离高压输入模块安装

隔离高压输入模块实物图

施工工艺说明

(1) 安装在变送器箱里的导轨条上，排列紧密且顺序一致。

(2) 建议从左到右的排列顺序依次为：三相交流电压 (a、b、c)、三相交流电流、频率、功率因素、直流电压、直流电流、油机启动电池电压。

(3) 变送器卡在变送器箱中的导轨条上，变送器箱用四颗自攻螺钉固定在墙上。固定牢靠，不能直接用手扳动。

(4) 尽量避免将设备安装在石膏板和砂土墙上，实在不可避免时，可以采用加长固定螺钉和加装木楔、木板等方式固定，绝对不允许设备固定不牢的情况发生。

2. 烟雾报警监控

040203 烟雾传感器安装

烟雾传感器实物图

施工工艺说明

　　(1) 依照安装支架的孔在顶棚上或墙上竖两个孔位。

　　(2) 按两个孔位锁两个孔。在两个孔中塞入两颗塑料腰钉，然后将安装支架的背面紧贴墙面。

　　(3) 塞入并紧固安装螺钉直至安装支架彻底牢固为止。

　　(4) 把电池塞入本机背面的隔间内。

第三节 • UPS 配电系统

1. 配电箱/柜设备

040301 换向开关安装

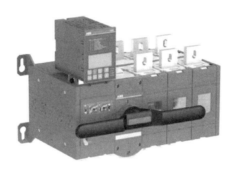

换向开关实物图

施工工艺说明

(1) 按照开关安装尺寸进行打孔安装,安装螺栓应紧固,不得有松动。

(2) 开关安装固定后根据电流,配置开关进出线母排连接到水平母线上,母排连接应紧固,接触良好。

(3) 注意常用电源与备用电源的牙序对应。

(4) 控制器的接线严格按说明书接线图进行。

040302 电能表安装

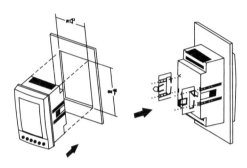

电能表安装示意图

电能表实物图

施工工艺说明

(1) 电能表一般依靠 2 个固定滑块固定。

(2) 安装电能表时，按产品说明书接线图接线。

(3) 按图施工、接线正确。

(4) 电气连接可靠、接触良好。

040303 隔离开关安装

隔离开关实物图

施工工艺说明

（1）外观检查，确认规格型号准确，绝缘体无裂纹、破损及变形，分、合操作灵活可靠，接触面无氧化膜。

（2）安装时注意相间距离，低压不小于0.2m，短路时刀片对接地部分的距离，低压不小于0.05m。

（3）安装完毕后进行外观检查和拉合实验，测量绝缘电阻。

（4）测量瓷件绝缘电阻。

040304 PE 线端子安装

PE 线端子接线示意图

施工工艺说明

　　（1）配电箱、柜内的 N 线、PE 线必须设汇流排，汇流排的大小必须符合有关规范要求，导线不得盘成弹簧状。

　　（2）配电箱、柜内的 PE 线不得串接，与活动部件连接的 PE 线必须采用铜质涮锡软编织线穿透明塑料管，同一接地端子最多只能压一根 PE 线，PE 线截面应符合施工规范要求。

　　（3）导线穿过铁制安装孔、面板时要加装橡皮或塑料护套。

040305 N线端子安装

N线端子接线示意图

施工工艺说明

（1）配电箱、柜内的N线、PE线必须设汇流排，导线不得盘成弹簧状。

（2）配电箱、柜内的配线须按图纸相序分色，N线采用淡蓝色。

（3）导线穿过铁制安装孔、面板时要加装橡皮或塑料护套。

040306 配电箱壁装

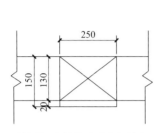

配电箱凹入墙体平面图（示意）　　配电箱正立面图（示意）

壁装配电箱安装示意图

壁装配电箱实物图

施工工艺说明

　　（1）配电箱安装时，其底口距地一般为 1.5m；明装时底口距地 1.2m。

　　（2）在混凝土墙或砖墙上固定明装配电箱时，采用暗配管及暗分线盒和明配管两种方式，同时将 PE 保护地线压在明显的地方，并将箱调整平直后进行固定。

　　（3）根据预留孔洞尺寸先将箱体找好标高及水平尺寸，并将箱体固定即可。

040307 基础型钢安装

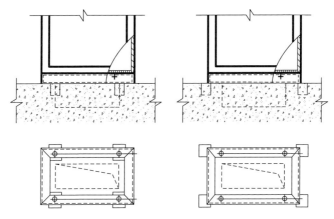

基础型钢安装示意图

施工工艺说明

(1) 按照箱的外形尺寸进行弹线定位。

(2) 按图纸要求预制加工基础型钢架,并做好防腐处理。

(3) 安装结束后,应用螺栓将柜体与基础型钢进行紧固。

(4) 每台配电柜单独与基础型钢连接,可采用铜线将柜内 PE 排与接地螺栓可靠连接,并必须加弹簧垫圈进行防松处理。每扇柜门应分别用铜编织线与 PE 排可靠连接。

040308 配电柜安装

配电柜安装实物图

施工工艺说明

（1）根据图纸及现场条件确定配电柜的就位次序，按照先内后外，先靠墙后入口的原则进行。

（2）先找正一排两端的配电柜，再从柜下至柜上2/3高处的位置拉一条水平线，逐台进行调整。调整找正时，可以采用0.5mm钢垫片找平，每处垫片最多不应超过三片。

（3）在调整过程中，垂直度、水平度、柜间缝隙等安装允许偏差应符合规定。不允许强行靠拢，以免配电柜产生安装应力。

（4）配电柜调整结束后，用螺栓对柜体进行固定。

2. 线缆

040309 电源电缆布线

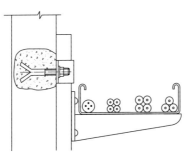

电源电缆排布示意图

施工工艺说明

(1) 敷设电缆前应检查电缆是否有机械损伤。

(2) 敷设的电缆全部路径应满足所使用的电缆允许弯曲半径要求。

(3) 电缆沿桥架中敷设，要求电缆平直，无交错。

(4) 敷设的路径尽量避开和减少穿越热力管道和上下水管道、煤气管道、通信管道等。

(5) 敷设电缆和计算电缆长度时，均应留有一定的裕量。

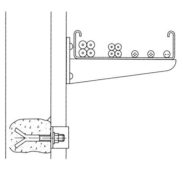

控制线缆布线示意图

施工工艺说明

　　（1）敷设电缆前应检查电缆是否有机械损伤。

　　（2）电缆沿桥架中敷设，要求电缆平直，无交错。

　　（3）敷设的电缆全部路径应满足所使用的电缆允许弯曲半径要求。

　　（4）敷设电缆和计算电缆长度时，均应留有一定的裕量。

　　（5）电缆在支架上敷设时，控制电缆硬在电力电缆下方，单独设置支架。

040311 并柜电缆布线

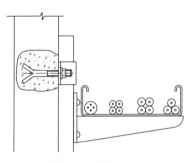

并柜电缆布线示意图

施工工艺说明

并柜电缆一般指的是变压器与低压柜之间的连接电缆。

（1）通过室内电缆沟或沿电力桥架将电缆敷设连接。

（2）变压器与低压柜是在不同的地点，一个室外一个室内，在室外的电缆通过电缆桥架或通廊敷设，或者直接埋地敷设，进入到室内以后可以通过电缆沟敷设。

3. UPS 主机

塔式主机安装

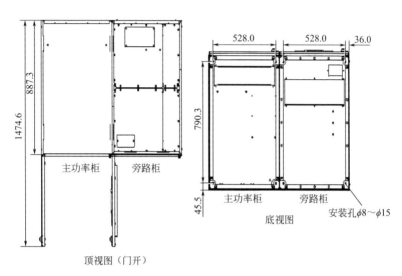

主功率柜　旁路柜

顶视图（门开）

528.0　　528.0　　36.0

主功率柜　旁路柜

底视图

安装孔 $\phi8\sim\phi15$

UPS 排布示意图

施工工艺说明

（1）设备安装：按图纸布置将 UPS 放于基础型钢上，并找设备立面和侧面的垂直度，找正时采用 0.5mm 铁片进行调整，每处垫片不能超过 3 片，然后按设备安装固定螺栓尺寸在基础型钢上用手电钻钻孔。

UPS 就位、找平、找正后，柜体与基础型钢固定，柜体与柜体、柜体与侧挡板均用镀锌机螺栓连接。

（2）UPS 设备接地：UPS 设备单独与接地干线连接。设备从下部的基础型钢侧面上焊上 M10 螺栓，用 6mm^2 铜线与柜上的接地端子连接牢固。

040313 机架式主机安装

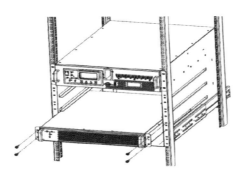

机架式 UPS 安装示意图

施工工艺说明

　　(1) 机架中需安装定制导轨。

　　(2) 因主机很重,应将机架放置于牢固可靠并足以支撑其重量的位置,且通风要良好,保证散热及维护空间。

　　(3) 安装主机前要拆掉电池模块,安装到位后再重新安装电池模块,此操作需要两个人操作。

4. 电池

040314 阀控式铅蓄电池安装

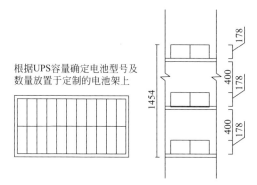

根据UPS容量确定电池型号及
数量放置于定制的电池架上

铅蓄电池安装示意图

蓄电池实物图

施工工艺说明

　　（1）电池安装从底层开始，并逐层往上进行，以防重心过高。将电池安放好，避免受振动或冲击。

　　（2）使用多组蓄电池时，要先串联，再并联。测量电池组总电压无误后，方可加载上电。一定要根据电池和UPS上的标示将电池的正负端子和UPS的正负极电池端子分别连接好。

040315 一般蓄电池安装

一般蓄电池安装实物图

施工工艺说明

（1）电池检查

蓄电池外壳应无裂纹、损伤、漏液等现象。极性正确，壳内部件齐全无损伤；有气孔塞通气性能良好。连接条、螺栓及螺母应齐全，无锈蚀。带电解液的蓄电池，其液面高度应在两液面线之间；防漏栓塞应无松动、脱落。

（2）电池安装

蓄电池安装应按设计图纸及有关技术文件进行施工。蓄电池安装应平稳、间距均匀；同一排列的蓄电池应高度一致，排列整齐。温度计、液面线应放在易于检查一侧。

5. 电池柜

040316 电池柜安装

电池柜安装实物图

施工工艺说明

（1）将电池柜的底板平放在规划好的位置，要求摆放位置的地面平整。用紧固螺母将电池柜的前、后板锁紧在底板上。

（2）将电池放在电池柜的底板上，进行接线，锁紧电池极柱上的接线，盖上第二层隔板。

（3）按上述相同方法依次安装好第二层、第三层、第四层的电池，根据电池柜具体型号的接线图继续安装电池和接线。

（4）盖上顶盖，用配套的螺钉将顶盖和前后板固定锁紧，电池柜即安装完成。

第四节 ● 机房防雷接地系统

1. 机房防雷接地

040401 接地端子排安装

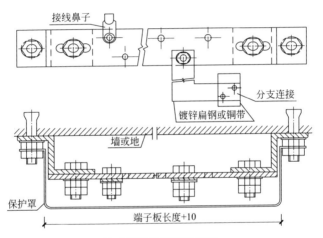

接地端子排安装示意图

施工工艺说明

（1）接地端子排采用铜排，根据等电位连接线的出线数决定端子排的长度。

（2）端子排一般为墙上明装。

（3）端子排接地干线与就近的大楼预留接地点通过扁钢连接。

040402 等电位棒安装

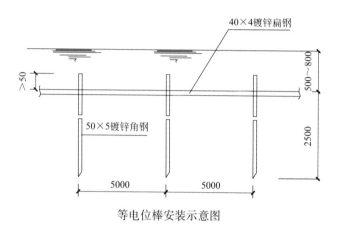

等电位棒安装示意图

施工工艺说明

（1）首先检查安装的位置的土建和施工条件。

（2）在开挖好的沟内按照设计要求将每个接地极插入土壤中，接地极的间距为5m，顶部距地面为0.5m。

（3）接地装置埋在土壤中的部分，其连接宜采用放热焊接；当采用通常的焊接方法时，应在焊接处做防腐处理。

（4）若采用水平接地极其埋深不宜小于1m。

（5）施工完毕将土壤回填并且平整压实。

040403 防雷接地连接线连接

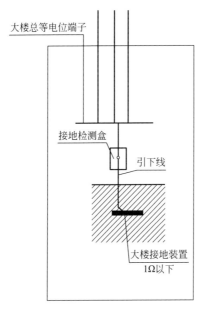

防雷接地安装示意图

施工工艺说明

（1）专设引下线应沿建筑物外墙外表面明敷，并应经最短路径接地；建筑外观要求较高时可暗敷，但其圆钢直径不应小于10mm，扁钢截面不应小于80mm²。

（2）建筑物的钢梁、钢柱、消防梯等金属构件，以及幕墙的金属立柱宜作为引下线，但其各部件之间均应连成电气贯通。

（3）在易受机械损伤之处，地面上1.7m至地面下0.3m的一段接地线，应采用暗敷或采用镀锌角钢、改性塑料管或橡胶管等加以保护。

2. 机房安全保护地

040404 安全保护地连接线连接

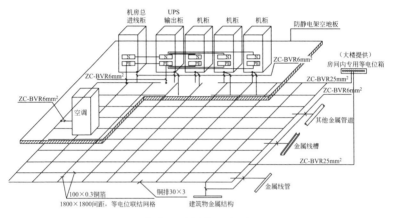

保护地连接线示意图

施工工艺说明

　　（1）机房内所有外漏可导电部分均要做等电位连接，连接线采用 $6mm^2$ 的铜线与机房内等电位网格连接。

　　（2）线槽、机柜外壳、设备外壳通过 $6mm^2$ 的铜线连接到等电位网格，在采用铜线连接的过程注意不同材料的接触面处理。

3. 机房交流工作地

040405 中性线连接

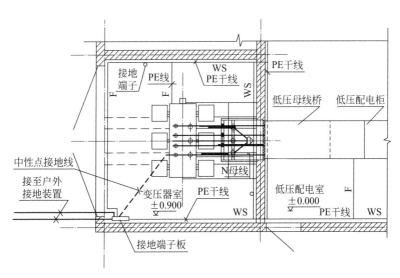

中性线连接示意图

施工工艺说明

　　（1）变压器中性点的接地线截面按变压器容量确定，中性线和保护线分开，中性接地线采用电缆穿保护管敷设至变压器室接地端子板。

　　（2）变压器接地端子板引至户外接地装置的接地线采用2根裸导线。

040406 接地母排安装

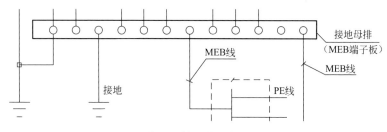

接地母排安装示意图

施工工艺说明

（1）接地母排宜设置在电源进线或进线配电盘处，加防护罩或装在端子箱内。

（2）如建筑物金属体自然接地体的接地电阻值满足接地要求，接地母排与自然接地体应直接连通。

4. 机房等电位接地

040407 等电位均压带安装

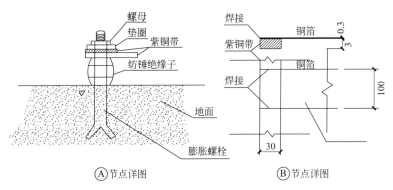

等电位均压带安装示意图

施工工艺说明

　　（1）按照施工图纸的设计安装要求确定好紫铜排的固定位置。在确定好的固定位置安装固定用的膨胀螺栓。铜排规格一般选用 40×3 紫铜排。

　　（2）将紫铜排按照图纸的敷设要求进行敷设，在固定位置进行打孔。膨胀螺栓与铜排的接触面要做好不同材质的过渡处理，然后再按照固定的要求进行紧固处理。

　　（3）铜排中间的网格尺寸按设计图纸确定，采用 $25mm^2$ 的铜编织带。

040408 等电位接地连接线连接

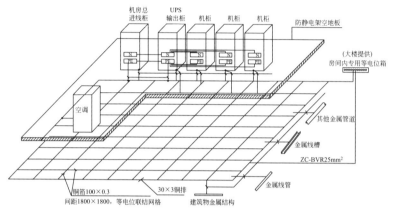

等电位接地接线示意图

施工工艺说明

（1）机房内所有外漏可导电部分均要做等电位连接，连接线采用 $6mm^2$ 的铜线与机房内等电位网格连接。

（2）线槽、机柜外壳、设备外壳通过 $6mm^2$ 的铜线连接到等电位网格，在采用铜线连接的过程注意不同材料的接触面处理。

5. 机房屏蔽接地

040409 环形均压带安装

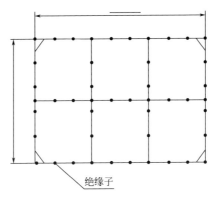

绝缘子

环形均压带安装示意图

施工工艺说明

（1）按照施工图纸的设计安装要求确定好紫铜排的固定位置。在确定好的固定位置安装固定用的膨胀螺栓。铜排规格一般选用 40×3 紫铜排。

（2）将紫铜排按照图纸的敷设要求进行敷设，在固定位置进行打孔。膨胀螺栓与铜排的接触面要做好不同材质的过渡处理，然后再按照固定的要求进行紧固处理。

（3）铜排中间的网格尺寸按设计图纸确定，采用 25mm^2 的铜编织带，也可以使用 50mm×5mm 铜箔。

040410 屏蔽接地连接线连接

施工工艺说明

同 040408 等电位接地连接线连接。

6. 机房防静电接地

040411 防静电连接线连接

施工工艺说明

机房抗静电地板支架采用 $6mm^2$ 的铜线连接到等电位网格，其余同 040408 等电位/屏蔽接地连接线连接。

7. 机房电源防雷接地

040412 电源线浪涌保护器安装

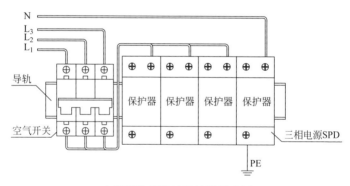

电源线浪涌保护器接线示意图

施工工艺说明

（1）电源连接导线用不小于 $16mm^2$ 多股铜线，接地线不小于 $25mm^2$ 的多股铜线。连接线应尽量短、直、粗，接地电阻不大于 4Ω。

（2）模块结构防雷器前端应串联熔断器或断路器。

（3）安装完毕必须断开电源，严禁带电操作，连接导线必须符合要求。

（4）安装完毕后将模块插入到位，检查工作是否正常。

040413 通信线浪涌保护器安装

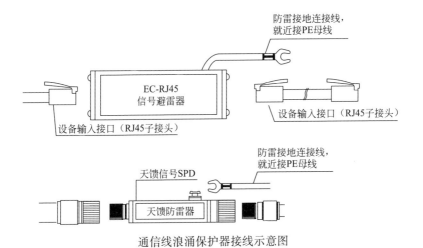

防雷接地连接线，就近接PE母线

EC-RJ45
信号避雷器

设备输入接口（RJ45子接头）

设备输入接口（RJ45子接头）

防雷接地连接线，就近接PE母线

天馈信号SPD

天馈防雷器

通信线浪涌保护器接线示意图

施工工艺说明

（1）设备通信线的外屏蔽层应在馈线顶端靠近天线处以及接入设备的前端接地，接地线应就近连接，采用线径不小于 $6mm^2$ 的铜芯导线。

（2）当天馈线全部采用软跳线且总长度小于等于 5m 时，同轴软跳线的外屏蔽层可以只在接入设备的前端就近一点接地。

第五节 ● 控制中心设备安装调试

1. 微模块布局

040501 双排标准场景布局

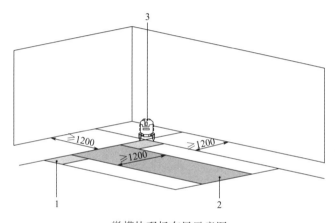

微模块现场布局示意图

1—画线模板；2—密封通道；3—激光定位仪

施工工艺说明

（1）根据现场施工布局图，确定智能微模块的准确安装位置。

（2）使用激光定位仪在规划安装位置的一角打出两条垂直线。

（3）将划线模板的一角摆放于垂直线交点处，确定列头柜的位置，使用记号笔将划线模板的轮廓及对应机柜的固定孔位在地面标出。

（4）用卷尺测量出通道距离，用同样的方法标记通道另一列的列头柜位置。

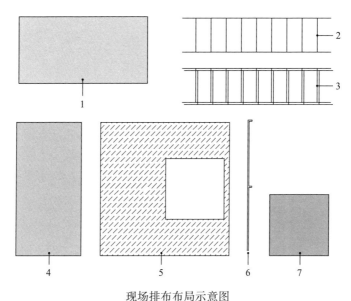

现场排布布局示意图

1—机柜；2—单层线架；3—双层线架；4—平顶/翻转天窗；
5—可调天窗；6—围板；7—数据机房立柱

施工工艺说明

当机房中的立柱不规则时，需保证立柱的最大截面不与机柜干涉。

040502 立柱处在密封通道中（A＜800mm）

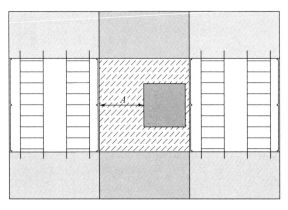

位置图

施工工艺说明

（1）位于立柱两侧的机柜摆放位空出，并使用围板密封，围板凹面朝向如图所示。

（2）在空出柜位两侧的机柜上安装线架，用于强弱电线缆走线。

（3）密封通道上方安装可调天窗，可调天窗需覆盖所示区域。

040503 立柱挤占了机柜安装位（$A<800\text{mm}$ 且 $B\geqslant800\text{mm}$）

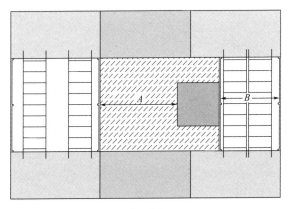

位置图

施工工艺说明

（1）位于立柱两侧的机柜摆放位空出，并使用围板密封，围板凹面朝向如图所示。

（2）在空出柜位两侧的机柜上安装线架，用于强弱电线缆走线。

（3）密封通道上方安装可调天窗，可调天窗需覆盖如图所示区域。

040504 立柱挤占了机柜安装位 （$A \geqslant 800$mm 且 $B \geqslant 400$mm）

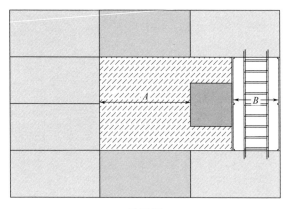

位置图

施工工艺说明

（1）位于立柱两侧的机柜摆放位空出，并使用围板密封，围板凹面朝向如图所示。

（2）在空出柜位两侧的机柜上安装线架，若线架无法并排安装可采用上下安装的形式，上方线架走弱电线，下方线架走强电线。

（3）密封通道上方安装可调天窗，可调天窗需覆盖如图所示区域。

040505 立柱整个处在机柜列中（$A<70\text{mm}$ 且 $B\geqslant400\text{mm}$）

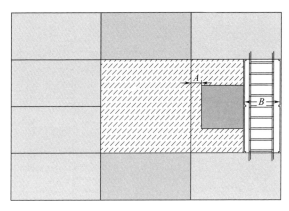

位置图

施工工艺说明

（1）位于立柱一侧的机柜摆放位空出，并使用围板密封，围板凹面朝向如图所示。

（2）在空出柜位两侧的机柜上安装线架，若线架无法并排安装可采用上下安装的形式，上方线架走弱电线，下方线架走强电线。

（3）密封通道上方安装可调天窗，可调天窗需覆盖如图所示区域。

040506 立柱整个处在机柜列中（*A*≥400mm 且 *B*≥0mm）

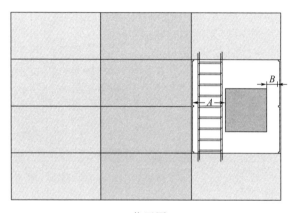

位置图

040507 立柱整个处在机柜列中（A≥400mm）

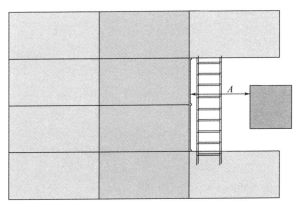

位置图

施工工艺说明

（1）在空出柜位两侧的机柜上安装线架，若线架无法并排安装可采用上下安装的形式，上方线架走弱电线，下方线架走强电线。

（2）密封通道上方安装平顶/翻转天窗。

（3）无法同时在立柱两侧安装围板时，可只在靠近密封通道的一侧安装围板。

2. 机柜安装

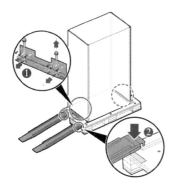

拆除 L 形弯角件示意图

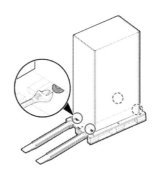

上调地脚示意图

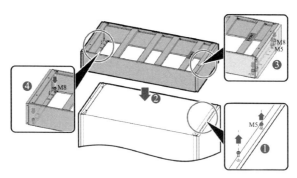

安装围框、顶框示意图

施工工艺说明

（1）拆除 L 型弯角件：

确认配电柜完好后，拆除固定机柜和栈板的 L 形弯角件，并将两块滑板卡接在栈板的端部位置。

（2）上调地脚：

①利用配电柜自带滚轮，将配电柜沿滑板滑下，推动至安装位置。

②有底座场景时，需要将配电柜放在底座上。

③上调地脚过程中，需要至少 1 人扶着机柜，防止机柜滑动。

④用活动扳手上调四个支撑地脚至最高处。

（3）安装围框、顶框：

①在机柜顶部拆除固定前门上封板的 2 颗 M5×10 (mm) 自攻螺钉，如图中的①所示。

②摆放顶框，标示"FRONT"的一面朝上，标示"FRONT"的一端朝向机柜前门，如图中的②所示。

③固定顶框。

040509 网络柜/IT 柜/电池柜安装

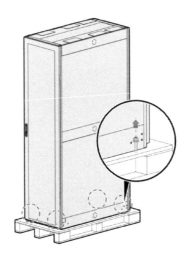

搬运机柜示意图

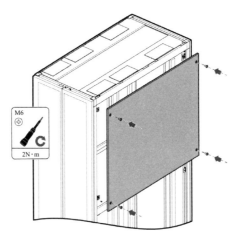

IT 柜侧板安装示意图

施工工艺说明

（1）搬运网络柜/IT柜/电池柜：

① 将机柜搬运到规划的安装位置旁。

② 拆除固定机柜与栈板的螺栓。

③ 将机柜从栈板抬下，放在安装位置。

（2）安装IT柜侧板：

① 根据机柜侧板的安装孔位，确定列头柜的安装孔位，安装浮动螺母。

② 按照需要调整的侧板上的提示，拆下侧板。

③ 将侧板固定在IT列头柜外侧。

（3）rPDU线缆安装：

① 拆下机柜上rPDU顶部的防鼠网并由此位置取出rP-DU线缆。

② 将取出的rPDU线缆预布在机柜顶部，然后将防鼠网装回原来位置。

③ 设备电源插头接入rPDU之前需要松开rPDU的防松脱装置，接入后再卡紧防松脱装置。

（4）工业连接器安装：

① 拆下机柜上rPDU顶部的防鼠网并由此位置取出两个工业连接器。

② 将取出的工业连接器及线缆预布在机柜顶部，然后将防鼠网装回原来位置。

③ 设备电源插头接入rPDU之前需要松开rPDU的防松脱装置，接入后再卡紧防松脱装置。

（5）调整电池柜侧板：

若智能微模块配置了电池辅柜（无断路器），请按照电池主柜上的标签提示，拆除电池主柜一侧的侧板并安装到辅柜外侧，确保电池主柜和辅柜的外侧装有侧板，相邻电池柜间无侧板。

（6）安装电池柜顶框：

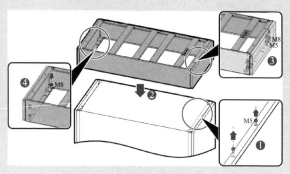

电池柜顶框安装示意图

① 在机柜顶部拆除固定前门上封板的 2 颗 M5×10 自攻螺钉，如图中的①所示。

② 摆放顶框，标示"FRONT"的一面朝上，标示"FRONT"的一端朝向机柜前门，如图中的（2）所示。

③ 固定顶框。

（7）安装横装接地铜排：

① 将横装接地铜排的 2 颗 M8 螺钉拆下。

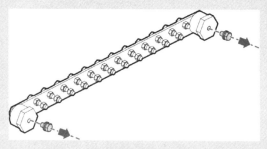

接地铜排安装示意图

② 打开机柜后门，将横装接地铜排安装在方孔条的最顶部位置（方孔条外侧），并使用之前拆除的 M8 螺钉固定。

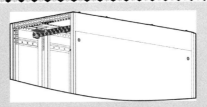

接地铜排安装示意图

③ 连接铜排接地线缆。

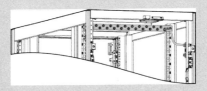

接地铜排线缆安装示意图

（8）安装竖装接地铜排：

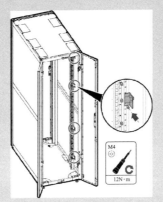

竖向接地铜排安装示意图

① 打开机柜后门，使用 4 颗 M4 的螺钉，将竖装接地铜排固定在右侧方孔条上。

② 具体固定位置为：04U、14U、29U、39U 位处在中间位置上的螺钉孔。

040510 机柜并柜

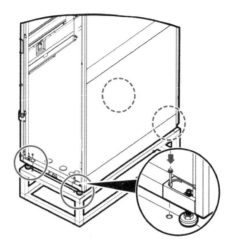

机柜底座固定示意图

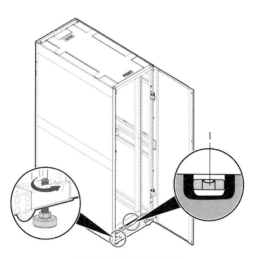

机柜调平安装示意图

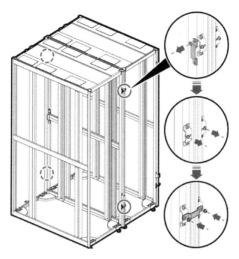

相邻机柜并接示意图

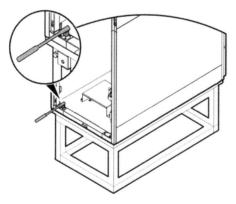

固定底座机柜示意图

施工工艺说明

  (1) 机柜和底座固定、调整：

  ① 将机柜的安装孔对准底座的安装孔。

  ② 将 M12×80 的组合螺钉插入机柜与底座的安装孔，并预紧固螺钉。

  ③ 调平机柜，确保机柜的高度误差为 2000±3mm。

  (2) 相邻机柜并接：

  ① 拆除并柜件的 M5×10 自攻螺钉，取下并柜件。

  ② 取下并柜位置 M4×10 组合螺钉。

  ③ 使用 M4×10 组合螺钉固定并柜件。

  (3) 固定底座上的机柜：

  ① 配电柜/网络柜/IT 柜/600mm 宽智能温控产品/300mm 宽 M 型架构智能温控产品。

  ② 将弹垫、大平垫圈、绝缘套安装在螺栓上。

  ③ 使用力矩套筒 M20 按对角线顺序交叉紧固 4 个螺栓。

040511 安装机柜密封下封件

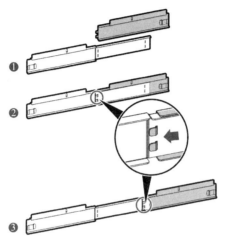

机柜前后封板组装示意图

施工工艺说明

操作准备：机柜下封件安装在机柜横梁下方，带滚轮机柜密封，安装后机柜底部不漏风。

（1）组装机柜等宽的前、后封板。

（2）使用 4 颗 M5×10（mm）自攻螺钉将前、后封板固定在机柜上。

3. 机柜内设备安装

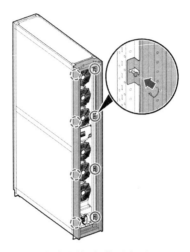

机柜围框安装示意图

施工工艺说明

（1）打开前门，拆下捆绑显示屏线缆扎线带，拆除前门接地线，向上抬起并移除前门。

（2）拆除一个锁舌固定件、两个并柜片及两个铰链。

（3）用 8 颗 M5×10（mm）自攻螺钉将围框固定在设备前门框架上，将锁舌固定件、并柜片及铰链紧固至围框上。

（4）将显示屏信号线拉伸至可以自由开关门的长度，安装显示屏信号线，NTC 线缆放回原位，并将前门下方的接地线根据围框上的标识安装至围框上。

（5）用扎线带将显示屏与 NTC 线缆在原绑扎位置固定，并安装前门。

040513-1 安装顶框（上走管场景）

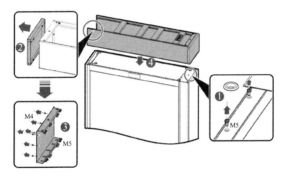

机柜顶框上走管示意图

施工工艺说明

（1）在机柜顶部拆除固定前门上封板的 2 颗 M5×10（mm）自攻螺钉，如图中的①所示。

（2）取下顶框后饰板，拆除顶框后端板的 4 颗 M5×10（mm）自攻螺钉和 6 颗 M4×10（mm）沉头螺钉，如图中的②和③所示，并取下后端板。

（3）摆放顶框，标示"FRONT"的一面朝上，并朝向机柜前门，如图中的④所示。

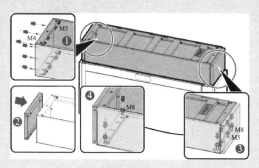

机柜顶框摆放示意图

（4）固定顶框。

① 使用 4 颗 M5×10（mm）自攻螺钉和 6 颗 M4×10 沉头螺钉将后端板固定在顶框上，卡接后饰板，如图中的①和②所示。

② 使用 4 颗 M8×20（mm）组合螺钉将顶框固定在机柜上，如图中的③和④所示。

③ 使用 2 颗 M5×10（mm）自攻螺钉在顶框前端将机柜与顶框进行等电位导通，如图中的（3）所示。

040513-2 安装顶框（下走管场景）

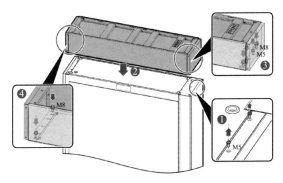

机柜顶框下走管示意图

施工工艺说明

（1）在机柜顶部拆除固定前门上封板的 2 颗 M5×10 (mm) 自攻螺钉，如图中的①所示。

（2）摆放顶框，标示"FRONT"的一面朝上，并朝向机柜前门，如图中的②所示。

（3）固定顶框。

①使用 4 颗 M8×20 (mm) 组合螺钉将顶框固定在机柜上，如图中的③和④所示。

②使用 2 颗 M5×10 (mm) 自攻螺钉在顶框前端将机柜与顶框进行等电位导通，如图中的③所示。

施工工艺说明

（1）当机柜深度为 1200mm 时，使用 3 颗 M4×10（mm）组合螺钉拼接顶板。

机柜顶拼接螺钉安装示意图

（2）使用 M4×10（mm）组合螺钉将并柜件固定在前、后板上。

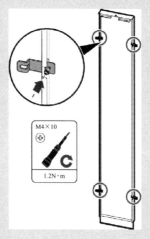

机柜前后板螺钉安装示意图

（3）将前板卡入机柜之间，使其表面与机柜门平齐。使用并柜件和 M4×10 组合螺钉连接前板与相邻机柜。

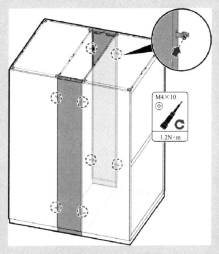

机柜前板安装示意图

（4）使用相同方法安装后板。

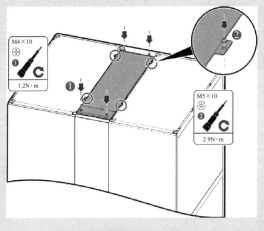

机柜后板安装示意图

①使用4颗M4×10组合螺钉固定顶板与前后板，如图中的①所示。

②使用4颗M5×10自攻螺钉固定顶板与相邻机柜，如图中的②所示。

（5）安装适配框顶框：

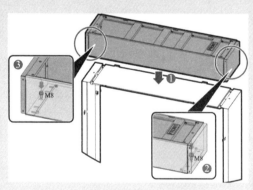

机柜适配顶框安装示意图

①摆放顶框，标示"FRONT"的一面朝上，并朝向适配框前端。

②使用组合螺钉将顶框固定在适配框上。

4. 接地

各机柜由主接地铜排分别汇流至机柜附近的接地网。

040515 M型接地（双排机柜场景）

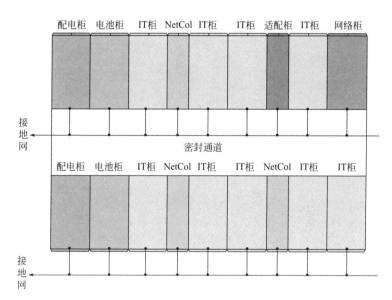

M型接地排布示意图

5. 密封通道安装

040516 密封通道安装

（1）围板安装：

施工工艺说明

　　① 用激光定位仪和通道检具，配合记号笔划线，定位围板位置。

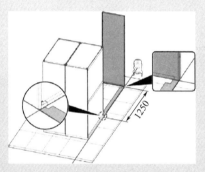

围板安装定位示意图

　　备注：密封通道端部机柜与围板的前后距离差应≤1.5mm。当画线定位时，相邻围板必须互相紧密贴合，无间隙。

　　② 使用检具确定围板的固定孔位，并做好标记。

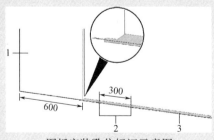

围板安装孔位标记示意图

1—600mm 宽围板；2—600mm 宽围板固定孔位；3—检具

③ 根据孔位标记摆放围板，摆放围板时，围板光面朝通道外。

④ 如果地面不平，可在围板较低一端的下方添加垫片，垫片高度分别为 1.0mm 和 2.0mm。

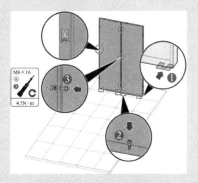

安装围板（2000mm 高机柜场景）

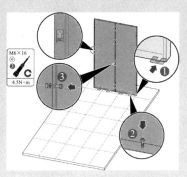

安装围板（2200mm 高机柜场景）

⑤ 将围板固定在地板上，围板的固定螺钉数量应与围板下端面的对应孔位数量保持一致。

⑥ 参照安装天窗章节内容，安装已固定围板上方的天窗。

⑦ 用相同方法依次完成其余围板和对应位置天窗的安装。

⑧ 用螺钉和平垫、螺母并接相邻的围板。

（2）绕柱围板安装：

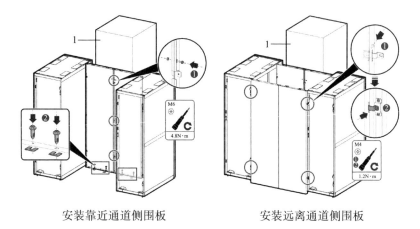

安装靠近通道侧围板　　　　　　安装远离通道侧围板

施工工艺说明

　　① 根据实际安装环境，确定围板位置、围板凹面的朝向及可调天窗的覆盖区域。

　　② 安装靠近通道侧的围板。

　　a. 将两块围板使用 3 颗 M6 的螺钉及螺母连接固定。

　　b. 将连接好的围板按照预定的朝向放置在预定的安装位置上。

　　c. 使用 15mm 直径的钻头在围板底部钻 4 个深 45~50mm 孔，并使用 4 颗塑料膨胀螺栓（标签为 DKBA44091028）及垫片与地面固定。

　　③ 将两块围板使用 3 颗 M6 的螺钉及螺母连接固定。

　　④ 将连接好的围板按照预定的朝向放置在预定的安装位置上。

　　⑤ 将围板附件包中的并柜件使用 M4 的螺钉与围板固定，再将围板与机柜固定。

6. 天窗安装

（1）通道天窗布局：

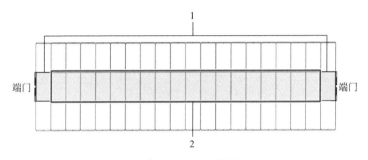

通道天窗布局示意图

1—控制天窗；2—翻转天窗或平顶天窗

当机柜个数＞12 时，控制天窗数量为 3 个。除靠近两侧端门位置外，还需要在通道中间位置安装一个控制天窗。

（2）安装控制天窗/平顶天窗/翻转天窗：

① 将分线板安装在控制天窗上。

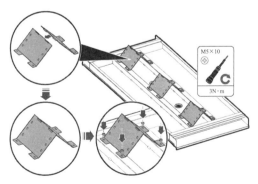

天窗分线板安装示意图

② 安装天窗连接板。

a. 安装普通天窗连接板

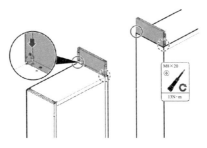

天窗连接板安装示意图

b. 安装维护天窗连接板

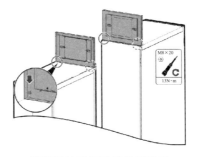

安装维护天窗连接板示意图

③ 将控制天窗固定在天窗连接板上。

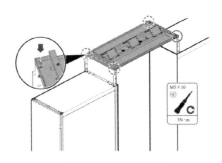

控制天窗固定示意图

④ 高度为 2000mm 的端门与维护天窗之间需安装挡风板。

a. 无智慧屏场景和配置智慧屏场景：

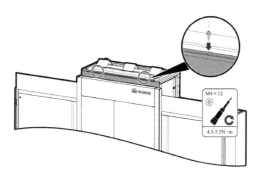

b. 配置智慧屏场景：

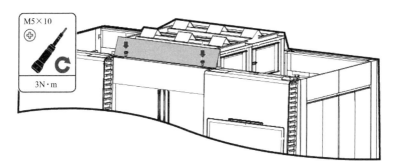

⑤ 安装相邻位置的天窗连接板。

⑥ 将翻转天窗固定在天窗连接板上。

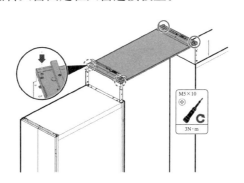

⑦ 固定相邻的两个天窗连接板。

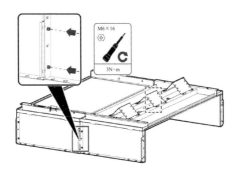

⑧ 在控制天窗和翻转天窗之间安装遮光板。

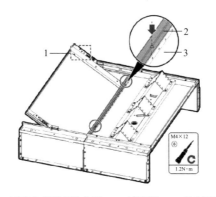

1—天窗电磁锁安装位置；2—遮光板；3—控制天窗

注：一个通道内只需要安装一个遮光板。

参考现场施工布局图依次完成剩余天窗的安装。

安装天窗电磁锁

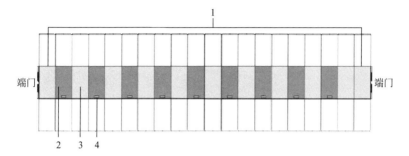

天窗电磁锁安装位置示意图

1—控制天窗；2—翻转天窗；3—平顶天窗；4—天窗电磁锁

（1）天窗电磁锁布局：

① 拆除天窗上的螺钉。

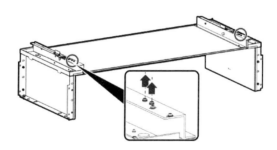

② 安装天窗电磁锁。

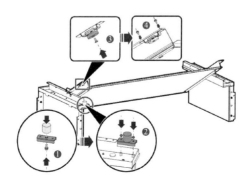

（2）调整天窗电磁锁位置，确保电磁锁能完全吸合。

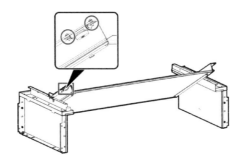

040519 安装可调天窗

前提条件：靠近通道侧的围板已安装固定完毕。

（1）将天窗连接板安装在围板或机柜上，并使用 8 颗 M8 的螺栓固定。

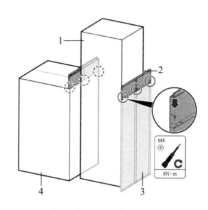

1—立柱；2—天窗连接板；3—靠近通道侧围板；4—机柜

（2）将 2 个抽拉式侧梁抽出合适的长度并使用两颗 M6 的螺栓固定。

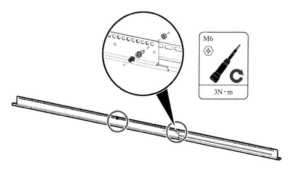

调整抽拉式侧梁的长度示意图

（3）将抽拉式侧梁使用 4 颗 M6 的螺栓固定在天窗连接板上。

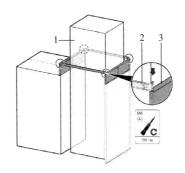

安装抽拉式侧梁示意图

1—立柱；2—天窗连接板；3—靠近通道侧围板

（4）选择 PC 板托架的安装位置。1 号 PC 板托架需紧贴立柱安装，2 号 PC 板托架需安装在剩下区域的中间位置。若立柱旁的空间宽度＜600mm 时，可不安装 2 号 PC 板托架。

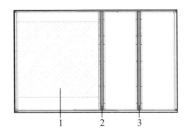

可调天窗俯视图

1—立柱；2—1 号 PC 托架板；3—2 号 PC 托架板

（5）将两条 PC 板托架使用 4 颗 M6 的螺钉和螺母固定到可抽拉式侧梁上。

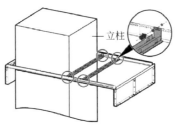

安装 PC 板托架

（6）安装 L 形支撑件。

① 将 PC 板使用勾刀裁切好，预放置在可调天窗上。为保证在使用勾刀裁切时，使裁出的缺口平直整齐，裁切时可借助零号包装中的"通道检具"比对裁切。

② 使用记号笔在立柱上标注出 PC 板与立柱的贴合线。

③ 移开 PC 板，在立柱上打孔并使用塑料膨胀螺栓将 L 形支撑件固定到立柱上。

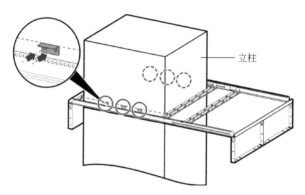

固定 L 形支撑件示意图

（7）安装 PC 板。

① 将 PC 板铺设在可调天窗上。

② 将 PC 板卡件固定在 PC 板托架上。

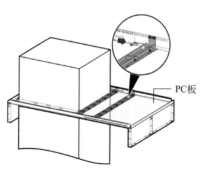

PC 板卡件固定示意图

（8）用钩刀将 PC 板裁切成合适的大小。为保证在使用钩刀裁切时，使裁出的缺口平直整齐，裁切时可借助零号包装中的"通道检具"比对裁切。

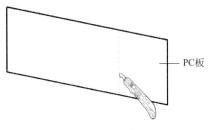

PC板

PC 板裁切示意图

（9）将 PC 板固定件与裁切好的 PC 板贴合。

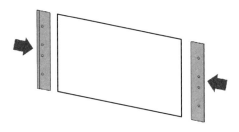

PC 板固定件与裁切好的 PC 板贴合安装示意图

（10）将 PC 板固定件与裁切好的 PC 板固定在天窗连接板上。

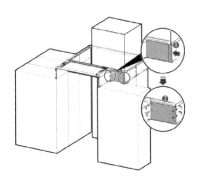

固定可调天窗侧封板示意图

040520 （可选）控制天窗接地

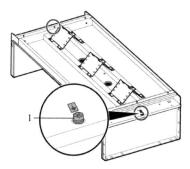

控制天窗接地示意图

1—接地点

施工工艺说明

　　将控制天窗接地线一端连接至控制天窗上的任一接地点，另一端使用 M5×10 自攻螺钉固定在机柜顶部。

7. 端门上的监控部件

040521 安装执行器

施工工艺说明

（1）拉住背板上的圆圈卡扣向上提，拆除背板。

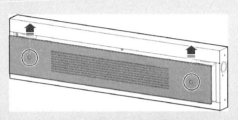

执行器背板拆除示意图

（2）安装门禁执行器至导轨。根据上框安件中的标签，选择门禁执行器的正确安装位置，将门禁执行器背部安装件的上沟槽对准导轨上部，用力按压转换器下部，使转换器下沟槽卡到导轨上，各方向晃动门禁执行器，确认已安装牢固。

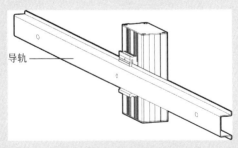

导轨

导轨安装门禁执行器示意图

（3）安装限位件。在门禁执行器两侧安装 2 枚限位件，用以限制门禁执行器移动。

门禁执行器限位杆安装示意图

（4）安装其他执行器。按照上述步骤依次把其他执行器安装到位，并用限位件固定，完成安装。

（5）完成执行器接线后，请重新安装上框安装件的背板。

040522 安装声光告警器

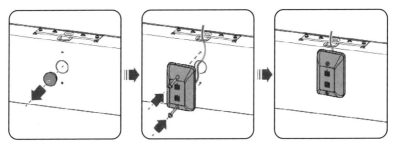

声光告警器卡口安装示意图

施工工艺说明

（1）取下声光告警器安装位卡扣。

（2）将声光告警器线缆穿过门盒过线孔。

（3）撕下声光告警器背面的胶纸。

（4）使用1颗M3螺钉将声光告警器固定在门盒上。

040523 安装按钮

  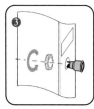 

告警器按钮安装示意图

施工工艺说明

（1）拆下立柱侧板，如下图中的①所示。

（2）取下按钮安装位上的卡扣，如图中的②所示。

（3）使用按钮自带螺母将按钮固定在立柱上，如图中的③所示。

（4）连接按钮线缆，线缆从立柱上方的过线孔出线后进入端门的上框安装件中。

（5）重新安装立柱侧板，如图中的④所示。

040524 安装自动门禁传感器

自动门禁传感器安装示意图

施工工艺说明

（1）将自动门禁传感器吸附于外门楣的顶部中间位置。

（2）连接自动门禁传感器至智能微模块执行器的 AIDI SPARE 端口。

040525 安装 PAD 电源连接器

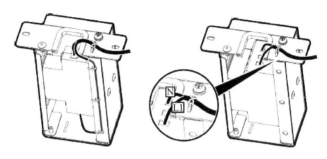

电源连接器到智能微模块执行器线缆布设示意图

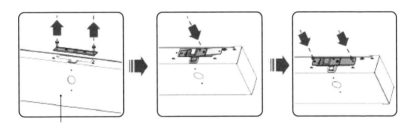

PAD 电源安装示意图

施工工艺说明

（1）组装 PAD 电源连接器固定座。

① 将电源连接器卡接在固定座的导轨上。

② 使用 2 颗 M4×12 组合螺钉安装固定座外罩。

③ 使用 1 颗 M4×12 组合螺钉安装固定座挡片。

（2）连接电源连接器到智能微模块执行器的线缆，并预布线缆。

（3）固定 PAD 电源连接器固定座。

① 拆下门盒上电源连接器安装孔位的挡片。

② 使用 2 颗 M4×12 组合螺钉将 PAD 电源连接器固定座固定在门盒上。

8. 粘贴机柜标签

040526 粘贴机柜标签

ITA01-ITA24

NW A01-A02
NW B01-B02

| IT A 01 | IT A 02 | IT A 03 | IT A 04 | IT A 05 | IT A 06 | IT A 07 | IT A 08 | IT A 09 | IT A 10 |

| IT A 11 | IT A 12 | IT A 13 | IT A 14 | IT A 15 | IT A 16 | IT A 17 | IT A 18 | IT A 19 | IT A 20 |

| IT A 21 | IT A 22 | IT A 23 | IT A 24 |

| NW A 01 | NW A 02 |

| NW B 01 | NW B 02 |

PDF-A
PDF-B

| PDF A | PDF B |

ITB01-ITB24

| IT B 01 | IT B 02 | IT B 03 | IT B 04 | IT B 05 | IT B 06 | IT B 07 | IT B 08 | IT B 09 | IT B 10 |

BAT A01-A04
BAT B01-B04

| BAT A 01 | BAT A 02 | BAT A 03 | BAT A 04 |

| IT B 11 | IT B 12 | IT B 13 | IT B 14 | IT B 15 | IT B 16 | IT B 17 | IT B 18 | IT B 19 | IT B 20 |

| BAT B 01 | BAT B 02 | BAT B 03 | BAT B 04 |

| IT B 21 | IT B 22 | IT B 23 | IT B 24 |

A/C A01-A06
A/C B01-B06

| A/C A 01 | A/C A 02 | A/C A 03 | A/C A 04 | A/C A 05 | A/C A 06 |

| A/C B 01 | A/C B 02 | A/C B 03 | A/C B 04 | A/C B 05 | A/C B 06 |

机柜标签

类别	字母/数字	说明
机柜类型	IT	IT柜
	NW	网络柜
	PDF	配电柜
	BAT	电池柜
	A/C	智能温控产品
机柜所在排	A	A排
	B	B排
顺序编号	01-24	每类机柜顺序编号

命名规则（一）

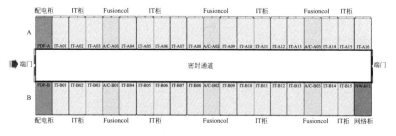

命名规则（二）

施工工艺说明

(1) 将0号包装中的机柜标签取出。

(2) 将标签背胶撕开，粘贴到天窗连接板的压印处。

9. 安装智能母线/线槽/线架

040527 安装网格线槽

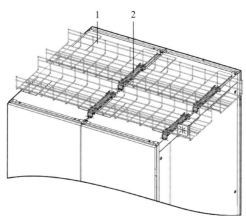

网格线槽外观示意图

1—网格线槽；2—支撑件

施工工艺说明

（1）用 4 颗 M5×10 的螺钉将网格线架支撑件固定在机柜顶部。

①安装时所有支撑件上的三角孔尖角必须统一朝向机柜前门，支撑件装反会导致网格线槽无法安装。

②支撑件安装处一侧有四颗孔位，支撑件需使用中间的两颗孔安装。同一列的支撑件。

③在安装时要注意机柜孔位保持一致，不可错位安装。

注：L 形卡槽方向要一致。

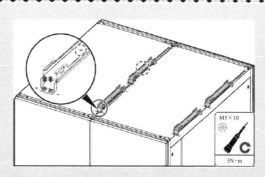

网格线槽卡槽安装方向示意图

（2）将网格线槽卡入支撑件 L 形卡槽中，调整位置，向下压卡扣，使网格线槽固紧。

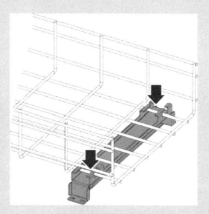

网格线槽卡接安装示意图

（3）在两条网格线槽连接处使用拼接件，用六角扳手固紧即可。

10. 供配电设备安装

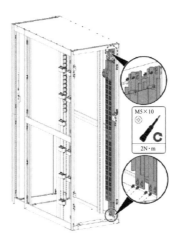

安装全高 rPDU 示意图

施工工艺说明

　　（1）打开机柜后门，将 rPDU 的上下分别从门框边的第一个孔位用螺钉固定在安装板上，安装第二个 rPDU 隔一个孔位。

　　（2）rPDU 自带一根接地线，安装 rPDU 时就近连接接地线。

040529 安装 PDU2000M

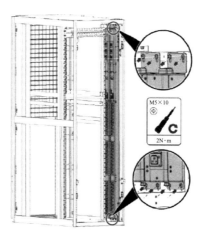

PDU2000M 安装示意图

施工工艺说明

（1）打开机柜后门，从门框边的第一个孔位使用长柄十字绝缘螺丝刀预装 8 颗螺钉，将工业连接器穿过机柜顶部，可将 PDU2000M 挂装到预装螺钉上，用力矩扳手将螺钉拧紧。安装第二个 PDU2000M 隔一个孔位。

（2）（可选）安装 2.2m 机柜的 PDU2000M 时，需要将机柜下方的安装板往下移动一个安装孔位，固定好安装板，后安装 PDU2000m。

（3）PDU2000M 自带一根接地线，安装 PDU2000M 时就近连接接地线。

（4）将预留好的工业插头对接。

11. 监控设备安装

施工工艺说明

（1）将 2 个挂耳分别用 4 个 M4 螺钉，固定在 UIM20A 扩展模块两侧。

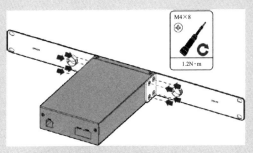

UIM20A 扩展模块挂耳安装示意图

（2）根据施工布局图在机柜中选定 UIM20A 扩展模块的安装孔位，安装浮动螺母。（建议安装位置：机柜背部由顶向下数第三 U 位。）

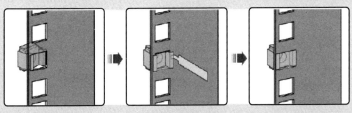

扩展模块安装示意图

040531 安装温湿度传感器

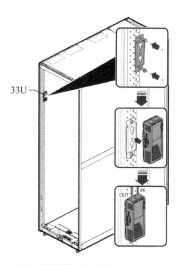

33U

温湿度传感器安装位置示意图

施工工艺说明

(1) 用 M5×10 的自攻螺钉将温湿度传感器底座固定到 IT 柜门框上 33U 的位置。(根据现场实际情况，温湿度传感器的安装位可在 33U 到 40U 之间做适当调整)

(2) 将温湿度传感器挂装在固定好的底座上。

(3) 设置温湿度传感器拨码开关。

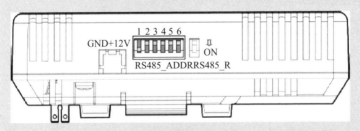

拨码开关外观

位置	显示名称	地址	拨码开关序号					
			1	2	3	4	5	6
回风侧	回风2温湿度	1	ON	OFF	OFF	OFF	OFF	OFF
冷通道	冷通道1温湿度	11	ON	ON	OFF	ON	OFF	OFF
	冷通道2温湿度	12	OFF	OFF	ON	ON	OFF	OFF
	冷通道3温湿度	13	ON	OFF	ON	ON	OFF	OFF
	冷通道4温湿度	14	OFF	ON	ON	ON	OFF	OFF
	冷通道5温湿度	15	ON	ON	ON	ON	OFF	OFF
热通道	热通道1温湿度	21	ON	OFF	ON	OFF	ON	OFF
	热通道2温湿度	22	ON	ON	ON	OFF	ON	OFF
	热通道3温湿度	23	ON	ON	ON	OFF	ON	OFF
	热通道4温湿度	24	OFF	ON	OFF	ON	ON	OFF
	热通道5温湿度	25	ON	OFF	OFF	ON	ON	OFF

温湿度传感器拨码开关操作说明

12. 安装后检查

040532 机柜安装检查项

编号	检查项	检查结果
1	机柜摆放位置与机房布局图相符	□合格;□不合格
2	所有机柜高度方向已调平,若有高度差,其绝对值≤3mm,2000mm 高机柜调平后所有机柜高度≥2000mm	□合格;□不合格
3	所有机柜高度方向已调平,若有高度差,其绝对值≤3mm,2200mm 高机柜调平后所有机柜高度≥2200mm	□合格;□不合格
4	所有机柜调平后高度误差小于 5mm,相邻机柜前后误差小于 5mm	□合格;□不合格
5	所有螺栓都要拧紧(尤其要注意电气连接部分),平垫、弹垫要齐全,且不能装反	□合格;□不合格
6	双排密封通道内机柜门间距 A 满足 A±3mm	□合格;□不合格
7	双排密封通道端部两列机柜的前后错位量≤1.5mm	□合格;□不合格
8	机柜四角全部固定,螺钉无松动,机柜无晃动	□合格;□不合格
9	机柜清洁干净,满足防尘要求	□合格;□不合格
10	外部漆饰应完好,如有掉漆,掉漆部分需要立即补漆,以防止腐蚀	□合格;□不合格
11	柜门开闭灵活,无卡滞,门锁功能正常	□合格;□不合格
12	机柜内各种标识正确、清晰、齐全,包括合格证,铭牌、LOGO 等	□合格;□不合格
13	机柜周围清洁干净、无胶带、扎带线头,纸屑和包装袋等施工遗留物	□合格;□不合格
14	机柜假面板调整到位,确保冷热通道隔离	□合格;□不合格

040533 密封通道安装检查项

编号	检查项	检查结果
1	密封通道所有部件安装完毕,无遗漏	□合格;□不合格
2	端门开关顺畅无卡滞	□合格;□不合格
3	端门的门缝上下均匀	□合格;□不合格
4	端门关闭后中间胶条有效密封	□合格;□不合格
5	双开旋转门门关门后两扇门高度差要求小于 5mm	□合格;□不合格
6	翻转天窗开合顺畅无卡滞	□合格;□不合格
7	天窗连接板端面整齐	□合格;□不合格
8	天窗电磁铁通断电功能正常,通电有磁性可牢固吸合天窗,断电磁性消失,天窗自然下落	□合格;□不合格
9	各种标识正确、清晰、齐全	□合格;□不合格
10	通道内部和四周清洁干净,无胶带、扎带线头、纸屑和包装袋等施工遗留物	□合格;□不合格

040534 线缆安装检查项

编号	检查项	检查结果
1	所有线缆的连接处必须牢固可靠,特别注意通信网线的连接可靠性,以及机柜内所有线缆接头的连接情况	□合格;□不合格
2	接线端子处的裸线及线鼻柄应用绝缘胶带缠紧,或套热缩套管,不得外露	□合格;□不合格
3	各接线端子处都安装了平垫和弹垫,安装牢固,接触良好	□合格;□不合格
4	电缆绑扎应整齐美观,扎带间距均匀,松紧适度,朝向一致	□合格;□不合格
5	电缆布放应便于维护和将来扩容	□合格;□不合格
6	各种电缆两端的标志(标签)清晰可见	□合格;□不合格
7	扎带的余长被剪除,所有扎带齐根剪平不拉尖	□合格;□不合格
8	线缆上无多余胶带、扎带等遗留	□合格;□不合格

040535 电气安装检查项

编号	检查项	检查结果
1	所有自制保护地线必须采用铜芯电缆，且线径符合要求，中间不得设置开关、熔丝等可断开器件，也不能出现断路现象	□合格；□不合格
2	对照电源系统的电路图，检查接地线是否已连接牢靠，交流引入线、机柜内配线是否已连接正确、螺钉是否紧固。确保输入、输出无短路	□合格；□不合格
3	电源线、保护地线的余长应被剪除，不能盘绕	□合格；□不合格
4	给电源线和保护地线制作线鼻时，线鼻应焊接或压接牢固	□合格；□不合格
5	电源线、地线在布放时应与其他电缆分开绑扎	□合格；□不合格
6	电池外观应完好无损，无碰伤、摔坏、开裂现象	□合格；□不合格
7	电池外壳整洁，无漏液痕迹	□合格；□不合格
8	电池端子应端正，无碰伤、损坏痕迹，且无极柱爬酸现象	□合格；□不合格
9	电池安全阀没有变形且无液体溢出	□合格；□不合格
10	电池接线正确，电池组端电压正常	□合格；□不合格
11	设备上的拨码开关设置正确无误	□合格；□不合格

术语表

第1章

RJ45——标准8位模块化接口（Registered Jack 45）

PET——热塑性聚酯（Polyethylene Terephthalate）

F/UTP——铝箔总屏蔽的屏蔽双绞线（Foil screened/Unshielded Twisted Pair）

U/FTP——线对屏蔽双绞线（Unscreened/Foiled Twisted Pair）

SF/UTP——铝箔加编织总屏蔽的双重屏蔽双绞线（Braid on Foil Screened/Unshielded Twisted Pair）

S/FTP——编织总屏蔽铝箔屏蔽双重屏蔽双绞线（Braid screened/Foiled Twisted Pair）

T568B——双绞线电缆线序排列方式（The T568B Standard）

PVC——聚氯乙烯（Polyvinyl Chloride）

SC——模塑插拔耦合式单模光纤连接器（Subscriber Connector）

ST——卡接式圆型光纤接口（Straight Tip）

PCB——线路板（Printed Circuit Board）

OT——圆形冷压端子（OT Terminal）

OLT——光线路终端（Optical Line Terminal）

ODN——光分配网（Optical Distribution Network）

ONU——光网络单元（Optical Network Unit）

POE——以太网供电（Power over Ethernet）

AP——无线接入点（Access Point）

PG——德式螺纹（Panzer-Gewinde）

CF——便携式电子设备的数据存储设备（Compact Flash）

RX、TX——串口通信中的发送和接收接口（Transmit/Receive）

SPD——防雷器（Surge Protective Device）

BNC——刺刀螺母连接器（Bayonet Nut Connector）

HFC——光纤干线和同轴电缆组成的分配网络（Hybrid Fiber Coax）

QAM——正交幅度调制（Quadrature Amplitude Modulation）

IN——输入（Input）

DVD——高密度数字视频光盘（Digital Versatile Disc）

AV 矩阵——带有音频、视频、接口的设备（Audio Video）

VGA——视频图形阵列（Video Graphic Array）

HDMI——高清多媒体接口（High Definition Multimedia Interface）

LED——发光二极管光源（Light Emitting Diode）

DC——直流电源适配器（Direct Current）

VSA——小口径卫星基站（Very Small Aperture Terminal）

RCU——客房控制系统（Room Control Unit）

IP 地址——互联网协议地址

NTP 服务器——时间同步化协议服务器

WEB——广域网

GPS——全球定位系统

第 2 章

SHUT——关闭（SHUT）

Vav-box——变风量末端装置（Variable Air Volume box）

AHU——空气处理机组（Air Handling Units）

DDC——直接数字控制器（Direct Digital Control）

PE——保护接地（Protective Earthing）

TCP——传输控制协议（Transmission Control Protocol）

IP——互联网协议（Internet Protocol）

RVS——铜芯聚氯乙烯绝缘绞型连接用软电线（Copper-core Polyvinyl Chloride Insulated Twisted Pair Cable）

RVV——铜芯聚氯乙烯绝缘聚氯乙烯护套软电缆（PVC sheathed flexible cord）

RS——美国电子工业协会推荐标准（Recommended Standard）

AWG——美国线规（American wire gauge）

AC——交流电（Alternating Current）

第 3 章

CAT-6——CAT-6 标准的线缆

PVV——铜芯聚氯乙烯绝缘信号电缆

USB——外部总线标准，规范电脑与外部设备的连接和通讯

UPS——不间断电源

第 4 章

MEB 线——总等电位联接线

rPDU——网络电源控制系统